KB269659

두뇌가 좋아지는
큰글자
스도쿠 150
초급 중급

두뇌가 좋아지는
큰글자 스도쿠 **150** [초급/중급]

초판발행 : 2025년 3월 20일
2쇄 발행 : 2025년 9월 1일

지 은 이　|　스도쿠 크리에이터
펴 낸 이　|　고명흠
펴 낸 곳　|　랜딩북스

출판등록　|　2019년 5월 21일 제2019-000050호
주　　　소　|　서울시 서대문구 세검정로1길 93,
　　　　　　　벽산아파트 상가 A동 304호
전　　　화　|　(02)356-8402 / FAX (02)356-8404
E-MAIL　|　landingbooks@daum.net
홈페이지 | www.munyei.com

ISBN 979-11-91895-32-2 (13410)

두뇌가
좋아지는

큰글자 스도쿠 150

초급 / 중급

SUDOKU

랜딩북스

스도쿠 이해하기

가로줄

세로줄

스도쿠는 큰 사각형(□, 9×9)에 1에서 9까지의 숫자가 일부 채워진 상태로 시작합니다. 퍼즐을 완성하려면 아홉 칸으로 이루어진 작은 사각형(□, 3×3), 가로줄, 세로줄의 각 칸에 1에서 9까지의 숫자를 중복없이 채워 넣어야 합니다.

큰 사각형(9×9)에 보이는 숫자들을 잘 살펴보고 각 빈칸에 들어갈 숫자를 알아내세요.

처음에는 확실한 숫자부터 채워나갑니다. 처음부터 빈칸을 다 채우려고 하면 오히려 헷갈려요. 반대로 한눈에 봐도 자리가 확정된 숫자들이 있는데,

그걸 먼저 채우면 퍼즐이 서서히 풀리기 시작합니다.

다음으로 작은 사각형(3×3)을 기준으로 보는 습관을 들여야 합니다. 처음엔 가로줄, 세로줄만 보게 되는데, 사실 중요한 건 작은 사각형(3×3) 안에 1~9까지의 숫자가 중복되지 않도록 채우는 거예요. 이걸 의식하면서 보면 빈칸의 숫자가 좀 더 쉽게 보입니다.

1. 3×3의 작은 사각형 안에 1~9까지의 숫자가 중복되지 않게 채운다.

2. 가로줄, 세로줄에도 1~9까지 숫자가 중복되지 않게 채운다.

3. 모든 3×3의 작은 사각형, 가로줄, 세로줄에 1~9까지 중복되는 숫자없이 모든 칸 안에 하나의 숫자가 들어가야 한다.

Tip. 3×3의 작은 사각형이나 가로줄, 세로줄에서 빈칸이 가장 적은 사각형들을 먼저 채워 나가면 퍼즐을 쉽게 풀어나갈 수 있다.

스도쿠를 푸는 방법

1. 작은 사각형, 가로줄, 세로줄 확인하기

스도쿠의 시작은 작은 사각형(3×3), 가로줄, 세로줄을 분석하는 데 있습니다.

예를 들어, 하나의 작은 사각형(3×3)에 1, 2, 3, 4, 5의 숫자가 이미 들어가 있다면, 그 작은 사각형(3×3)의 나머지 칸에는 6, 7, 8, 9 중 어떤 숫자가 들어갈 수 있는지를 결정할 수 있습니다. 이처럼 각 빈칸에 들어갈 수 있는 숫자를 고려하는 것은 문제 해결에 큰 도움이 됩니다.

1) 3×3의 작은 사각형 푸는 방법

2				8		4	1	3
	8		3	6	2	5		
3	9			5			2	
9	**A**	**B**	4		6	7	**C**	**D**
7	3	4	2		5	8	**E**	6
1	6	5		7		3	4	**F**
	4	1					3	5
		3	8	4	1	9	6	
6	7	9					8	4

(가) (나)

㉮의 작은 사각형에서 A, B에 들어가야 할 숫자를 찾아보자. ㉮의 작은 사각형에 들어가야 할 남아 있는 숫자는 2와 8이다.

A의 세로줄에 이미 2가 있으므로 B에 2가 들어가야 한다. 그러므로 A에는 8이 들어가야 한다.

㉯의 작은 사각형에서 C, D, E, F에 들어갈 숫자를 찾아보자. ㉯의 작은 사각형에 들어가야 할 남아 있는 숫자는 1, 2, 5, 9이다.

1이 들어가야 할 자리는 C, E의 세로줄과 F의 가로줄에 이미 1이 있으므로 D에 1이 들어가야 한다.

2가 들어가야 할 자리는 C, E의 세로줄에 이미 2가 있으므로 F에 2가 들어가야 한다.

5가 들어가야 할 자리는 E의 가로줄에 이미 5가 있으므로 C에 5가 들어가고, 나머지 9는 E에 들어가게 된다.

2) 가로줄과 세로줄 푸는 방법

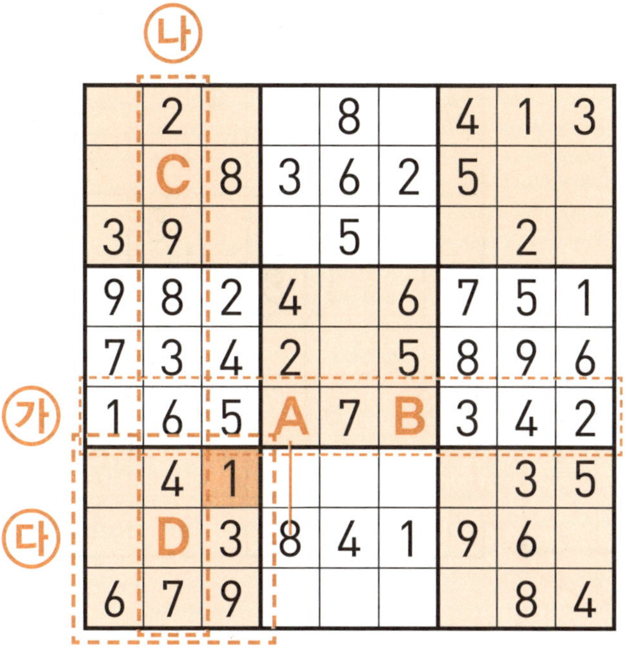

	나							
	2			8		4	1	3
C	8		3	6	2	5		
3	9			5			2	
9	8	2	4		6	7	5	1
7	3	4	2		5	8	9	6
1	6	5	A	7	B	3	4	2
	4	1					3	5
	D	3	8	4	1	9	6	
6	7	9					8	4

(가 — 6번째 가로줄, 다 — 8번째 가로줄)

　⑦의 가로줄 A, B에 들어가야 할 숫자를 찾아보자. ⑦의 가로줄에 들어가야 할 남아 있는 숫자는 8과 9이다.

　A의 세로줄에 이미 8이 있으므로 B에 8이 들어가며 나머지 9는 A에 들어가게 된다.

　⑭의 세로줄 C, D에 들어가야 할 숫자를 찾아보자. ⑭의 세로줄에 들어가야 할 남아 있는 숫자는 1과 5이다.

　⑮의 작은 사각형에 이미 1이 들어가 있으므로 C에 1이 들어가며 나머지 5는 D에 들어가게 된다.

2. 후보 숫자 적어두기

　초보자에게 가장 추천하는 방법 중 하나는 퍼즐을 풀다가 막히면 빈칸에 들어갈 후보 숫자를 모두 적는 것입니다. 이렇게 하면, 특정 칸에 들어갈 수 있는 숫자의 범위를 줄이는 데 효과적입니다. 예를 들어, 특정 빈칸에 7과 8이 넣을 수 있는 숫자라면, 그 칸에 작은 글씨로 적어두고 다른 숫자들과의 관계를 살펴보세요. 각 칸에 적힌 후보 숫자를 통해 어떤 숫자가 들어갈 수 있는지를 파악할 수 있습니다. 이 과정은 처음에는 다소 번거롭게 느껴질 수 있지만, 반복하면서 훨씬 더 익숙해질 것입니다.

3. 적절히 휴식하기

　스도쿠 문제를 풀다가 중간에 잠시 생각을 멈추어 정리할 필요가 있습니다. 이를 통해 퍼즐 전체를 다시 검토하고 새로운 관점을 발견할 수 있습니다. 때로는 문제에 갇힌 상태에서 벗어나 잠시 휴식이 필요합니다.

4. 시간제한 두기

스도쿠 문제를 풀 때 시간을 체크하고 시간제한을 두는 연습을 합니다. 일정 시간 내에 퍼즐을 푸는 연습을 하면서 보다 효율적으로 문제를 해결하는 능력을 키울 수 있습니다. 초기에는 여유롭게 시간을 두고 생각하며 문제를 풀다가, 점차 빠른 속도로 문제를 해결하는 것을 목표로 하는 것입니다. 제한된 시간이 주어지면, 긴박감 속에서도 논리적인 사고를 유지하는 데 도움이 됩니다.

5. 다양한 난이도 도전하기

스도쿠를 더욱 잘 풀기 위해서는 다양한 난이도의 퍼즐을 시도하는 것이 중요합니다. 쉬운 문제부터 시작하여 점차 어려운 문제로 넘어갈 때 자신의 발전을 느낄 수 있습니다. 초기에는 쉬운 문제로 감을 익히고, 중간 및 어려운 난이도로 넘어갈 때는 보다 분석적인 사고가 필요하다는 것을 깨닫게 될 것입니다. 이렇게 하면 스도쿠에 대한 자신감을 키우고, 실력을 단계적으로 증진시킬 수 있습니다.

※ 스도쿠는 단순한 숫자 퍼즐이 아니며, 깊은 사고와 전략적 접근이 필요한 도전적 게임입니다. 초보자라 하더라도 앞에서 언급한 방법을 통해 문제 해결 능력을 기를 수 있습니다. 한 문제씩 차근차근 풀어보며, 스도쿠가 주는 재미와 보람을 느껴보길 바랍니다. 지적으로 도전하는 과정을 통해 머리도, 마음도 한층 성장하게 될 것입니다. 스도쿠를 통해 문제 해결 능력을 기르고, 삶의 여러 도전들에 대해 보다 자신감 있게 접근할 수 있기를 기원합니다.

스도쿠 150

초급 : 1~90
중급 : 91~150

SUDOKU
001

날짜 : _______ . _______ . _______   시간 : _______

1	9		5			7		6
6			1	9			3	8
				7		2		
	3	4			5			1
9	6	1	8				5	
5	2	8			3			
		6	7	8			2	
						9		
1		2	6			4		

정답은 **164쪽**에 있습니다.

날짜 : ______ . ______ . ______   시간 : __________

	2			8		4	1	3
		8	3	6	2	5		
3	9			5			2	
9			4		6	7		
7	3	4	2		5	8		6
1	6	5		7		3	4	
	4	1					3	5
		3	8	4	1	9	6	
6	7	9					8	4

정답은 **164쪽**에 있습니다.

SUDOKU
003

날짜 : ________ . ___ . ________   시간 : ________

8	3	4	1		7		2	5
6	9							
7						4		
3	8	9		7	4			
				1	9		7	
1	2		8			9		
9						7	5	
2			9			8	6	
4	6	5	7		8	1	3	9

정답은 **164쪽**에 있습니다.

📅 날짜 : ______ . ______ . ______   🕐 시간 : ______

1	4			8	7			2
7		2	1	6		3	8	5
	5	6		3	2	1		4
	7	8				2	5	3
2	1	5	3					
	6	4		2	5			8
				7		4		
4		7				8	2	9
			8	4				7

정답은 **164쪽**에 있습니다.

날짜 : ______ . ______ . ______   시간 : ______

	2						3	9
5		1	2	9	6			
	6	7	8			2		
	1				8	4		5
2		3				1		7
7	4	5					8	6
				8			6	3
			5	3			4	8
3		8	4		9	5		2

정답은 **164쪽**에 있습니다.

날짜 : ___ . ___ . ___   시간 : __________

5		2		9	3			
8		4				2		9
9	6				8		7	
6	9	8	2	5	1		4	7
3					4			
4		7		3		1		5
					2	9	5	3
1		9	5			4	2	
								1

정답은 **164쪽**에 있습니다.

SUDOKU
007

날짜 : ___________ . ___ . ___   시간 : ___________

		9			4	8	2	
7		6		2				5
	2	8			5			3
				9	1	7	4	
		2				3		
	4	7				2		
8	6				2			
2	9		7		3	1		8
	7		6	8				2

정답은 **165쪽**에 있습니다.

초급

날짜 : _______ . ___ . _______   시간 : _________

		3						
6			4				9	
4					3	5		2
		2			8	4		
			7		5			
	6			3			7	
2	3	8	9			7	4	
					7	1		
	1	4		2		8		9

정답은 **165쪽**에 있습니다.

SUDOKU
009

날짜 : _____ . _____ . _____   시간 : _________

6	9			2		4	8	3
						5		
			8		4	1	9	
	8	4		1			7	2
1	2	3	7	5		6		
		9		4	3	8		
8						9		5
		6					1	8
9			6	8		2		4

정답은 **165쪽**에 있습니다.

📅 날짜 : _______ . ____ . ____   🕐 시간 : _________

3	5					9		
		7		2	3	5	8	
			4	9			7	6
	3						4	9
		6		4		7	3	
4	7	2	8		9	1	6	5
7								
1	6	5						2
8	2	3	9	5				

정답은 **165쪽**에 있습니다.

21

SUDOKU
011

날짜 : _______ . _______ . _______   시간 : _______

1		6	9	4				
5			8					9
9	2			6			4	5
		5		1	8		7	
	6		2	7		9		
2	7		6	5	9		8	1
	8			3				
			7		6			
				8	2		6	3

정답은 **165쪽**에 있습니다.

초급

날짜 :　　　　.　　　.　　　　시간 :

5		3	7	4	1			
			3		8			7
	8				2		5	
		2	9		5	4		
			4					6
	7	5	8	1	6	2		9
	1	6		8		9	4	
7	5	9						
2	4	8	5	6		7	1	3

정답은 **165쪽**에 있습니다.

📅 날짜 : ______ . ______ . ______   🕐 시간 : ______________

	8		7	4	2			
2		7		9		4		
9						2		7
3	9		1	7	5			6
7	6	8	9	3				
5	1					7	9	
4	7		2	8	9		6	
6	3				7			
8	2		5					4

정답은 **166쪽**에 있습니다.

초급

날짜 : _______ . . _______   시간 : _________

	1				9	2		
	5	6	8	7		3		
3	9	8	6	4	2			7
5				6			9	2
9		7	4					6
8	6							
6				8		9		
1			2		3			4
	7	5		9	6		2	3

정답은 **166쪽**에 있습니다.

📅 날짜 : _______ . _____ . _______   🕐 시간 : _________

9	2					3	4	
3	4		6	2	7			9
			9					
	8		7	5			3	
		4	1	3				
2		9					1	5
	5			8	6			4
4		8	3		5	6	2	7
6			4	7		8	5	

정답은 **166쪽**에 있습니다.

초급

SUDOKU
016

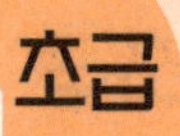

날짜 : ______ . ______ . ______　　시간 : ______

6		8		1	9	3	2	4
9			5	3	2	6	8	1
	1	3	8	6		5		9
	6	9	2	5		4		
1	3	4		9		8		
		5		8	1		6	3
4				7	5	2	9	6
	7							8
		6	1	2	8	7	4	

정답은 **166쪽**에 있습니다.

날짜 : ___________ . ___ . ___   시간 : ___________

	3	4	5	1	9		6	
9	7						5	1
5	1		6	4		3		
4		1	7	5				6
		7		8				4
2		5	4		6	8	1	7
		9			5			
1	5	8	2	9	4		7	3
7			1	6	8	2	9	5

정답은 **166쪽**에 있습니다.

018

날짜 : _______ . _____ . _____   시간 : _____________

7	2	8	1		6	9	3	5
	4	5	7	3		1	8	6
	6	1	8	5	9	7	2	4
6	5	2	4			3		9
4		9	5	2	3	6		8
1	8		9	6	7			2
2				1	8		5	7
8		4	6		5	2	9	1
5		7			4		6	3

정답은 **166쪽**에 있습니다.

날짜 :　　　　.　　　.　　　　　　　시간 :

7		1		4				8
	6			3	4		2	
	8		2	1	6	5	7	
1		9	6	5		7		4
6				7				
8						9		6
	4	5		9		1	6	
3			4					
9		8	5			2		3

정답은 **167쪽**에 있습니다.

	6					9	3	1
			6	5				4
2			1	4	9		8	5
6			8	3	2			
	7		9			8		2
	2					3		6
		9			5		7	
			7				1	
		2	3	9	1		6	

정답은 **167쪽**에 있습니다.

📅 날짜 : ___________ . ___ . ___   🕐 시간 : ________

9	1		4			5	6	2
		6	8	5		3		1
5	7	3	2	1			9	
		4				7	1	
				6	2			5
3	5		1		4			
6			3	2		1	4	
	4			8	1		2	
		2	6	4	7		5	

정답은 **167쪽**에 있습니다.

날짜 : _______ . _____ . _______   시간 : _________

9	5			3	1			4
1	3						8	
	7		9	5	8	1		
2			8	6		7		
6	9			1	2	5		
1	5			9	7	2		6
	4				2	9	3		7
		3	7				4	1
		7	1		3			

정답은 **167쪽**에 있습니다.

SUDOKU
023

날짜 : ___________ . ___ . ___   시간 : _________

1		2	5		4		3	8
			3	9	2			7
	9		1				5	2
8			9		7			
7	2			4		8	9	5
9	4			5	3	7	2	1
		9			5			
	3			1	6	5		9
	6						7	

정답은 **167쪽**에 있습니다.

초급

📅 날짜 : ______ . ______ . ______   🕐 시간 : ______

		7				6		
5	4	1	6		3	7		9
				4		5		
7	1	3			4			
		5	2			1	6	4
4				8	1	3		
	7	6			5	4	2	
8	5			7				
2	3		4	1				5

정답은 **167쪽**에 있습니다.

SUDOKU
025

날짜 : ___ . ___ . ___   시간 : ___________

		1		4			7	6
6	4	2		9	7		8	5
9		8				2		4
	2	3		5			4	7
5	9		6				1	
1					2	8	5	9
4	3				5	7	6	
7		5				4		8
	8	6				5	9	

정답은 **168쪽**에 있습니다.

초급

📅 날짜 : _______ . _____ . _____   🕐 시간 : _________

2		1		5				4
	8			1		5	6	2
	6				2	9	1	3
9	2	6	3	4		7	8	5
7	3	5		6	8		4	9
1	4	8	5	7		3	2	6
4	7		8	9			5	1
	1		4		5			7
		2	1					

정답은 **168쪽**에 있습니다.

날짜 :　　　　.　　　.　　　　　시간 :

1		9		3	8		4	
					6	8	5	7
7	6		4	2	5	3		
		6	9	4				1
3		4	6	5			9	8
5	9							
		5						6
			8		3	1		
6			5	7	4			3

정답은 **168쪽**에 있습니다.

날짜 : _______ . _____ . _______   시간 : _________

1	7	2	5	6				8
8	3							
			3				2	7
			6	9				1
6	9		4		1	5		3
4		8		3				9
5		6	8	1			9	2
	2		9				7	4
					6			

정답은 **168쪽**에 있습니다.

SUDOKU
029

📅 날짜 : _______ . _______ . _______   🕐 시간 : _________

								2
6	7	2						
1		3	7				4	
7			1					3
3			2	4	8	1	7	
					3		6	5
8	6	4	5	1	9	3	2	
5		7		6			1	
	2		4		7			6

정답은 **168쪽**에 있습니다.

📅 날짜 : ___ . ___ . ___   🕐 시간 : ___________

1		9	5				7	
4			3				1	2
6		2	1	7	4			
5		3	6			2	4	7
	2	1			3			
			8	2	5	3		1
3	1	7	4			8	2	9
	6	4	9				5	
8	9	5		3	7			

정답은 **168쪽**에 있습니다.

날짜 :   .   .   시간 : _______

4	1			8	3	6		2
	8	7		5		9	1	4
	2				4		5	
	4	2	3		7	5	9	
7		3				8		6
	6	1	8				4	3
9			5		1	4		7
2			4				6	5
1	5	4	6	7	8			

정답은 **169쪽**에 있습니다.

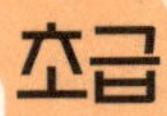

날짜 : _______ . ____ . ____   시간 : _________

5			8				3	4
2	4	6		3		8	7	
			4			2	1	
4			8	1	6	3	5	7
	5	3					6	
6				5		4		2
	7	5		8				6
8			6	9			2	
	6			4		5		3

정답은 **169쪽**에 있습니다.

날짜 :　　　　.　　　　.　　　　　시간 :

8	4	6	3				7	5
			4	5	2	3	6	
5	3	2	7		6		9	
7	5			4		6	2	
1	2	3	5		7	8	4	
6		4	9		3	5	1	7
	6	5	8	7	4		3	1
	9	1	2	3		7	8	
	7	8	6	9	1		5	2

정답은 **169쪽**에 있습니다.

초급

날짜 : . .   시간 :

3			9			1	8	
				7	8	3		4
8	9	4						7
	8	1	7			4	3	2
9	4	3	2		6			
2	7		3					8
		9	4	5			1	3
4	3	2	8		6			5

정답은 **169쪽**에 있습니다.

SUDOKU
035

날짜 :   .   .

시간 :

4	2	7	6		5		9	8
					7			
6			8	1		5		4
3	7			6				
9	5	1		2	8	6	4	7
2		6		7			5	
1		8		5				9
7	3		9	8	6			
5	6	9	7	4		3		2

정답은 **169쪽**에 있습니다.

036

날짜 : ___________ . ___________ . ___________   시간 : ___________

	9	5	6					
		8	1	7			5	9
1		2		8	5	4	7	6
2			3		6	7		8
	7	4			8		2	
8	6	1	7	2	4	3	9	5
	1					9	3	
	2			6			1	7
9		7	2		1			4

정답은 **169쪽**에 있습니다.

날짜 : _______ . _______ . _______   시간 : _______

4		5	6	8	1	9		
7	6				9			
9		8	7	5			4	1
5	9	4	2	1	7	3	6	8
	7	3	8	4	5	1	9	2
					6	5	7	4
3			5	7	2	4		6
8		7	3	6	4	2		9
2	4		1	9			3	5

정답은 **170쪽**에 있습니다.

날짜 : ______ . ______ . ______   시간 : ______

7		5	6			9		
	4		3			1	8	
	6		9			5	7	4
4		7	8	9		6		2
8	3					4		9
6				3		7	5	
4	7	8	6			2	9	5
				5		3	4	
	5	2		4			6	

정답은 **170쪽**에 있습니다.

SUDOKU
039

날짜 : ___ . ___ . ___   시간 : ___

	1	4	6	9	5			
2	6		3	7	8	4	5	1
	7	5		4		3		9
7		8			4		1	3
		6	9	2	3	5	7	8
	3	2			7	9	4	6
		7		5	9	1	3	4
4			7	1	2	6	9	5
9	5	1	4	3	6	7	8	2

정답은 **170쪽**에 있습니다.

초급

날짜 : ___ . ___ . ___   시간 : ___

6				2				1
	4		6					3
1		8			3		4	2
		5			1			
7		6			4			5
				9				
	7	2			6	3	8	
8		9			2	5		4
			8	5		2	6	

정답은 **170쪽**에 있습니다.

51

날짜 : _______ . _______ . _______   시간 : _______

		3	7			8	1	9
7	9	8			3	2	6	4
	1	6		4				
	8	7					4	
	3	4			9	1		
		2	4	1		9	8	5
				9	6			
		9				6	7	3

정답은 **170쪽**에 있습니다.

초급

날짜 : _______ . _____ . _____   시간 : _________

2		3		1	7			9
	9	1			4		7	3
	4	7	3	2	9	1		6
1	2	8				6	3	4
5			1		3	9	2	8
	3	9	2			7		5
3		2		9	1	4	6	
	1		4	6	8	3	9	2
9	6	4		3			8	1

정답은 **170쪽**에 있습니다.

날짜 : _______ . _______ . _______   시간 : _______

3	6	8	5			7		
	1	2	9		8	4		5
5			3			8		
			1		4	6		
6				7	5	2	4	
	2			9	3	1	8	
	7				6	5	1	8
	3	4				9		
1	5	6	7					

정답은 **171쪽**에 있습니다.

SUDOKU

044

초급

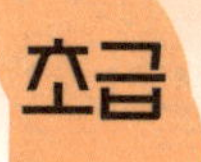

날짜 : . .   시간 :

		7		8	6		5	1
6	5	4	7	1	9	8	3	
	9	1	3		2	7	6	
9	4	5				2	8	
1	7	6	8		4		9	3
3		8	9		5	1		6
5	1	3	2	4	8		7	9
7	6		5	3	1	4		8
4	8		6	9	7	3		

정답은 **171쪽**에 있습니다.

날짜 : _______ . _______ . _______   시간 : _____________

2	7	5	4	8				
1	6	2		3			8	4
			9	1			3	
	3						2	
7		2		6			9	
1	6		4	2		8		3
5	9	1		3	6		4	
	7	8				3		
	4	3	1				5	

정답은 **171쪽**에 있습니다.

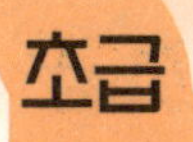

날짜 : . .   시간 :

9				2	1		5	8
7					5		6	4
			4	9	7			2
	1	6		7	9			
8	7	4			6		9	1
3						8	7	
	6							
2	8		1					
		9		6		2	1	5

정답은 **171쪽**에 있습니다.

날짜 : _______ . _______ . _______   시간 : _______

		8			1		3	
2			5	3	7		6	9
3	6		4	2				7
					6			3
5				8			4	
	8						9	
4			9				2	
	9		1	6	5	3		
6	7	3	8					5

정답은 171쪽에 있습니다.

초급

		9		4	7	8	1	
	5	4		3	9			
				6		4	3	9
5			6	7				
	4	1			5	7		
			4				5	
8	7			5		1	2	4
	9	3			4	5	6	7
			7				9	8

정답은 **171쪽**에 있습니다.

59

SUDOKU
049

📅 날짜 : _______ . _______ . _______   🕐 시간 : _______

			9			4		7
	4	6			7		3	
		2	1		4			
		4	6	1	3		2	5
				9	5			
2			7			3	1	
7	1							3
4			3			2	6	
	2		5	8		9		4

정답은 **172쪽**에 있습니다.

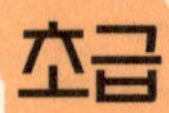

날짜 :　　　.　　　.　　　　　시간 :＿＿＿＿＿

3			6					
7		2		4	1	5	6	
			2	7		1	8	9
			3	2		8		
	8				4		3	
	2							5
9	3		5	8		6	4	7
					6		5	2
	5	6			7			8

정답은 **172쪽**에 있습니다.

SUDOKU
051

날짜 : _______ . _______ . _______   시간 : _______

3	4			2				
	9			5		8		4
8				4	9	6	1	
	8			9	3		6	7
6						1		
7			6		8			3
			7		1			
	7		9			3		
	1			3	5	7	4	6

정답은 **172쪽**에 있습니다.

052

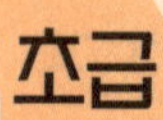

초급

📅 날짜 : _______ . ____ . ______   🕐 시간 : __________

1	7			5				4
	2		8					1
4	8	5						6
3		7		1	2		9	
2					9			
	1		7				2	3
		1		2	4			
8							4	
5	6	4		9	8	3	7	

정답은 **172쪽**에 있습니다.

SUDOKU
053

날짜 : _______ . _______ . _______   시간 : _______

2			9	5				
6	8				1	2		
4		1		8	6	3		
	6					9	1	3
							6	
	1	5				8		2
5	9		1	3	2	7	4	8
	4					1	2	
1		8		4				

정답은 **172쪽**에 있습니다.

초급

날짜 :　　　　　.　　　.　　　　　　시간 :　　　　　

6				3		7	9	5
7		5		9	8	3		
3					5	4		8
	8	7	3	1			5	6
	3							
		1		5			4	3
		4		2		5	3	
8			1	4	3		7	9
	2	3	5			6		4

정답은 **172쪽**에 있습니다.

날짜 :　　　　　.　　　.　　　　　　　시간 :　　　　　

5	7			2		8		
	1					9	3	5
8			1	3		7		
		1			3			8
3	6	5	2				4	
	8		4	1			5	
		8	6	9	1			3
				4				
1	3	6				4	2	

정답은 **173쪽**에 있습니다.

날짜 : _____ . _____ . _____   시간 : _____

9	2						8	
								2
4	8		7	2	9	3		6
5		2		3		8		
	4	6				1	2	7
1			7		8	4	3	5
		9	5	1		6	7	
	9	3		2	5		4	1
			6	7			9	

정답은 **173쪽**에 있습니다.

날짜 : _______ . ___ . ___   시간 : _________

2					9	4		
7			2	8				1
6	4		7		5			
4		1		3	8	7	5	
		3	5				2	
5	6	7		9		1		
			8			2		
	8	2	1	4			6	5
			9	2			7	3

정답은 **173쪽**에 있습니다.

날짜 : ________ . ________ . ________   시간 : ________

			6		5			
	2			9		3		6
								8
7	5		9				1	
			3	1			8	
		3		5		7		
		6			4		3	1
	8	9	1			2	7	
			2			8		4

정답은 **173쪽**에 있습니다.

날짜 : ____ . ____ . ____   시간 : __________

4			2	5	6	7		
						4		6	2

4			2	5	6	7		
						4	6	2
6	2		1	4				
9						2		
8	6						9	
	3	2	7	6	9			
	5	1		3		8		
	9		5	2		6		7
2		6	9	7				5

정답은 **173쪽**에 있습니다.

날짜 : ___________ . ___ . ___   시간 : ___________

	8		2	4				
2		5		8	6	7		
1	6					2		
	4	2	8	1	3		7	9
6	7	3			4	8		
9			7		2	4		
3	9				8	1		
4	5	7		3	1			2
				7		5		

정답은 **173쪽**에 있습니다.

SUDOKU
061

📅 날짜 : ______ . ______ . ______   🕐 시간 : __________

6	8	2		5				
4			8	3			5	1
1		5		6	9			
						1	6	5
5	6	8		7		9		3
		1			5	2	7	8
2	5	6		4				9
	1		9	2				6
8			5	1	6	4		

정답은 **174쪽**에 있습니다.

초급

날짜 : ______ . ______ . ______   시간 : ______

	7		9		4	6	5	2
	9		2			8		4
			8		1	3		9
1		3	7	2		9	6	8
	5		1	4				
7	6	2	3			5	4	1
						7	8	3
3		7		8			2	
			4					6

정답은 **174쪽**에 있습니다.

날짜 : _______ . _____ . _____   시간 : _________

	3	5	1	6		8		
1			5		7	3	6	
	7	8						
2	8			5	9			
4	9	7	8	2			3	6
		3	7	4	6		8	2
	5				3			8
	2	1	4					
	6		2				1	

정답은 **174쪽**에 있습니다.

초급

날짜 : _______ . _______ . _______   시간 : _______

			9	7		3	1	
		1		3		9	5	2
		3				7	8	4
1	8		4	5	3	2	6	
5				2		1		
			1	9	6		3	8
		5		8			7	1
6						8	2	
3			7		1	4		

정답은 **174쪽**에 있습니다.

날짜 : ______ . ______ . ______   시간 : ______

4			1	6			2	
		1			3		9	
			8			1		4
	3				2			
2		4	3	9	7			
7	8	5				2		9
8	6	3			1		4	7
			6	5	8	3		
	5			3		9		6

정답은 **174쪽**에 있습니다.

초급

날짜 :   .   .   시간 : __________

	4	3	7	6	8		9	1
			9	2	3		4	
			1	5				
		1			6			7
	2				1	8	3	
4	7		3	8		6		1
1		4	8		7	9	5	2
					9	1	8	
				1		3	7	

정답은 **174쪽**에 있습니다.

날짜 : _______ . _____ . _____   시간 : _________

	4		8	3	2	7		
7	1			6	5	9		
	2				1		4	
7		5						1
2				4		5		
	8			5	9		2	7
8	4	3	1	7				
3								9
2	1		5	9	6			

정답은 **175쪽**에 있습니다.

초급

날짜 : ___ . ___ . ___   시간 : ___

7	5		2		6		8	4
		2	1			7		5
9						1	2	6
			4		1	5		9
	6		5	8	3	2	7	
3	1	5	9	7		6		
	9	6	7		5			3
		7			9	8	5	
							6	7

정답은 **175쪽**에 있습니다.

날짜 :　　　　　.　　　　.　　　　　　시간 :

2								4
	9				7	3		
	5		2	4		7		
7	8	1	5		6		4	3
5		2		7		1		8
	3	6			1			5
1						4		2
	2	5	4		3			
3			7	1	2			9

정답은 **175쪽**에 있습니다.

📅 날짜 : _______ . _______ . _______   🕐 시간 : _______

2	3	4		9		5	1	
				6	4			
	8	6		1				
				3			5	
3	9	1	5	7			6	8
	4				1	2	9	
	5	3	7	2	8	1	4	
1			9	4	3		7	
				5			8	

정답은 **175쪽**에 있습니다.

SUDOKU
071

날짜 : ___ . ___ . ___   시간 : ___

						6		
	8				9		4	
	7	6		4	1			3
2			3			1	6	
9	5	1	7			8		
6			1	8	2		5	
7			4		6	9		
3								4
			5	7	3	1	6	

정답은 **175쪽**에 있습니다.

초급

날짜 : _______ . _____ . _____   시간 : _________

	8	9	4			6		5
4			5	3		8	2	9
			9			7		
	3		1			4		2
2		1	3		8	5	7	6
	8			6				
6	1			5			9	
					3			8
8		2				3		

정답은 175쪽에 있습니다.

SUDOKU
073

날짜 : _______ . _______ . _______   시간 : _______

	6				8	7	1	
	1		3		6	8		
7	8			5	2	9		3
2		3		1		4		6
1	5		8	6	4			
6						5		
	2	1				6		
5	3		4			2		
8	9	7			5	1		4

정답은 **176쪽**에 있습니다.

날짜 : _______ . _______ . _______   시간 : _______

8		2		4				
3	6	4	1			7	5	
		9	7		6			
		5	4	7		9	8	
7				6		4		
			5		2	6	7	1
		7						
	1	6			4	3	9	7
	8	3			7	2		4

정답은 **176쪽**에 있습니다.

날짜 : _______ . _____ . _______   시간 : _________

				2	3			8
					9	2	5	6
5		2				4	7	3
	5	8				6		
6				9		5	4	7
3						8	2	1
	3			6		9		
9		5	8		4	3		
	8			3	5	7	1	4

정답은 **176쪽**에 있습니다.

초급

날짜 : ______ . ______ . ______   시간 : ______

2		5					8	
4	3	6				9		
1	8			5	9			
	1	8		6			4	2
3			8				1	6
6		4	7	2	1			
	7		4					
						4		
9	4	2	5	3	8		6	7

정답은 **176쪽**에 있습니다.

날짜 : ______ . ______ . ______   시간 : __________

			7	5		2	1	
2	3	1		8		7	6	
	7	4			1			9
				6			4	
9	6	2	1				7	
	4	3	8					
		7		9			5	
	9	5		1		8		
		6	5		8	9		

정답은 **176쪽**에 있습니다.

초급

날짜 : _____ . _____ . _____   시간 : _____________

3				6	4	2	7	
8	7	6			2			
4	1	2		9		6	5	
1		7		4	8	5	9	3
	4	8		3		7		
	6	3	9	7	1		4	
			3			4	2	5
			4			1	8	
2								7

정답은 **176쪽**에 있습니다.

SUDOKU
079

날짜 : ___________ . ___ . ___   시간 : ___________

5	2			6				
8	6	9			4	5	7	3
			3	9				6
9	1	6	5		2	4		
3		5	6	4	7	2		1
	4	2			9		6	5
	5			8		1		
2			4		3			8
	3	8		5				

정답은 **177쪽**에 있습니다.

날짜 : _____ . _____ . _____   시간 : _____________

2				3	4	1	7	
3	5	1	8	7		6	2	4
				2		8		9
		4	7					
7		6		8		4	1	3
			4	9			5	
		2						1
9			2	4		5	6	
			3	1	8	2		7

정답은 **177쪽**에 있습니다.

SUDOKU
081

날짜 : ______ . ______ . ______   시간 : ____________

8			2			9		
3	5				1	7	8	2
							5	6
	9	1					4	
		5		8				
4		7			9		1	3
				4	6	8	7	
7	4		9				6	
5		3			7		2	9

정답은 **177쪽**에 있습니다.

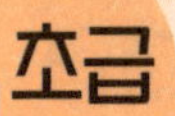

날짜 : _______ . ___ . _______   시간 : _________

	5	7					4	
	6		9					5
	8							
3		6			7	4	9	1
	1		8	3				
7				4		8	2	3
		9		8	5			4
5	4	8	7			9		6
6		1	4			5	8	

정답은 **177쪽**에 있습니다.

날짜 : _______ . ___ . ___   시간 : _______

2			5					
7				8	9		5	
9				4		7	8	
		6				9		
			9			8	3	7
	7				5		1	
		2	4		8			9
3	9				6	1		8
5	8	4			1	2		3

정답은 **177쪽**에 있습니다.

초급

날짜 : _____ . _____ . _____   시간 : _________

		7	2		8			
	8	5	4	1				7
3	2	4		7		6		1
		8		5			4	
			3				1	2
	7	1	6	8	2	3		
1		2	8			4	7	9
8	9		7		4		5	
7			1		5			

정답은 **177쪽**에 있습니다.

SUDOKU
085

📅 날짜 : _______ . _______ . _______   🕐 시간 : _______

	1					8	6	
					2	9	7	
			3		9	1	5	2
			7		8	6		1
4				9			2	
1					5	7		9
5		6			7			
7		1	9		3	2		6
8	2		4			5	9	7

정답은 **178쪽**에 있습니다.

초급

날짜 : ______ . ______ . ______   시간 : ______

		3	1	4	8		6	5
	7			5	6	9	2	
4	6		9		7	3	1	8
5		7	4	3		6		2
			5					
		2			9			
		9	8			5		1
	8		7	1		2	3	
7			2	9	3		4	

정답은 **178쪽**에 있습니다.

날짜 : _______ . _______ . _______   시간 : _____________

7	2	3	5		8		9	6
	8			3				2
	6	9		7	2			
6		2	3			7		
8		7	9			3		4
				8	7	2	6	
2	3	8		9			4	5
9	5					1		7
	7		2	6				

정답은 **178쪽**에 있습니다.

날짜 : _______ . ___ . ___   시간 : _______

	5	4			8	3	1	2
			5	3		7	4	9
				2				5
				5		1		9
1	9							7
8		5	1			4		6
9		8		1				4
2	4	1	8	7				3
5	6	7		2			8	

정답은 **178쪽**에 있습니다.

날짜 : ____ . ____ . ____   시간 : ________

3	6	5		9		7		
		7	8	3	6			
8	4	9	1	7				3
							2	6
		8	2			5		
6		2			7	8	4	
2				4		6		8
4	8		6			9	7	
5			7	2		1		4

정답은 **178쪽**에 있습니다.

초급

날짜 : _______ . _____ . _____   시간 : __________

		3	5					
	4	6		8	2	7		1
				4	3	9	5	
8				5	1			7
4		5	7	3	6	1		
	7	1		2				5
			3	1		8		
	1		6	9				2
			7	5			1	3

정답은 **178쪽**에 있습니다.

SUDOKU
091

📅 날짜 : ______ . ______ . ______   🕐 시간 : __________

8	6			4	3		9	
	1			9		8		4
4	2		1	8				
		7	8		9			
5		8						9
	6		5					
		5		7	1	2		6
		2	4				7	1
7	4		9	2				8

정답은 **179쪽**에 있습니다.

날짜 : _______ . _______ . _______   시간 : _______

5		8		1			2	
4	2				8		5	
				2	5	8		7
8		7				4		
		4	7					8
						6	7	1
	8							
	4		8			9		5
	3	5			1	7		

정답은 **179쪽**에 있습니다.

SUDOKU
093

날짜 : ___ . ___ . ___   시간 : ___________

7		1	6			5		
	6			8		4		
	8	5	3	1				
4				1		6		7
							1	
	6	7					2	
	8	4	6	9				
							6	9
6		1		3				2

정답은 **179쪽**에 있습니다.

날짜 : ___________ . ___ . ___   시간 : ___________

		8	3					
			6	7				4
			8				3	
			7		8			6
	4	5		6	8	2	3
	6		4					7
9		6	1	3				
4			9	6	5		1	
5	1		2	8				

정답은 **179쪽**에 있습니다.

날짜 : ______ . ______ . ______   시간 : __________

					6			3
	6			2	4		5	7
2			5					
	2		4				3	6
			3	6	2			9
	6	3		5		1	4	
			7			2		4
4		9				6	1	
5		2	6	4			7	

정답은 **179쪽**에 있습니다.

🗓 날짜 : . .   ⏰ 시간 :

				4		7		
	2							
4		8	7		2		5	
		3			1			
		5			4	2		
							9	4
8		4				9	1	
3		1	4		6			2
		7	1	9		4		3

정답은 **179쪽**에 있습니다.

107

중급

📅 날짜 : _______ . ___ . ___   🕐 시간 : _________

2	8					1		
3		6	1					
1	9		7		2	8	3	
			3			2	5	4
					5			
						9	6	
5							4	
6	3	9	4					1
		7	5	1	3		9	

정답은 **180쪽**에 있습니다.

날짜 :   .   .   시간 :

5		2			3			7
	1							
	4	9		6		5	2	
	5							2
		4	3	2				5
2		6	5		9	7		
7							3	
4		3		9		2		6
6		5		2			7	

정답은 **180쪽**에 있습니다.

날짜 : 　.　.　　　　　시간 : ________

	6	4		5				1
								9
1			2					7
							5	8
				6		9	7	2
8	1	9			2	3	6	4
		1						
3	8	6	7	2	1			
				8	9	7		

정답은 **180쪽**에 있습니다.

날짜 : ______ . ___ . ______ 　　　 시간 : ________

	5	1	6	2				9
	7		9				8	
		2	7	3				4
			8	6		5		1
		8			4			7
				5			9	8
			2	1	6	4	7	
6		5			9	8	1	
						9	2	

정답은 **180쪽**에 있습니다.

날짜 : _____ . _____ . _____   시간 : _____

								7
4	7	3			8		6	1
			7	6	4			
		9	6		1			
			4	8	5	1	2	
8		5	9				7	
		6			9			
7	2			4	6	5		
		4				6	1	

정답은 **180쪽**에 있습니다.

날짜 : . .   시간 : ______

		6			8	4	3	
7								
8	5		6	2	4			
				6		8		
	7			8	9			4
		8	5	4	2			
5	8			7	6			3
4	6	9						
	3	7			5		4	8

정답은 **180쪽**에 있습니다.

113

SUDOKU
103

날짜 : _____ . _____ . _____   시간 : _________

1				4	3			6
	4		1	8	5		2	
				2		1	5	
		8	4	9		2	3	
				3				
1	3		2	5	7			
4	6		3					
7		1						2
	2			1	4		7	5

정답은 **181쪽**에 있습니다.

날짜 : ___ . ___ . ___   시간 : ___

	7				4	6		2
	3	4	5					
1		8	9		2	5		
		2						
7						8		
3	5	9	8	6	7			4
	2							
5	9	3	7					
		6		9				5

정답은 **181쪽**에 있습니다.

날짜 : . .   시간 :

	8		6	5		4	1	
6							3	
4		2				8	5	6
		8			9	6		4
		5					8	
3		6			8		2	
	3	4			7			8
					3		4	9
		9				1		

정답은 **181쪽**에 있습니다.

📅 날짜 : ____ . ____ . ____   🕐 시간 : ________

				9				7
8	3		6			1		
5				7	8			
				1		2	4	5
9			2					
1							9	
	8		4	2	1		5	
2	5	3						9
7			9	3	5	6		8

정답은 **181쪽**에 있습니다.

SUDOKU
107

날짜 : ___ . ___ . ___   시간 : ________

1						7		
8				3		4		6
9					5	3		1
	3		6		8			
4		9	3	5		6	1	
6				1		8	3	
				9			7	2
				6	3			8
	9	8			4	1	6	

정답은 **181쪽**에 있습니다.

날짜 : _______ . _____ . _______   시간 : __________

		6				4	9	7
	7			9		3	6	
	3			4	6		1	2
	6			1		7		9
			4	8				
			6					
		4	5	7		9		3
3				2	4			
			8	6	3		2	

정답은 **181쪽**에 있습니다.

SUDOKU
109

📅 날짜 : _______ . _______ . _______   🕐 시간 : _________

		3	2	9				7
	7		3		5	1		9
9	6	8		4				2
	5		6		4	2		
	4	6						5
7		2		5	3		4	
6								
			5	8	6			
1		9	4	2			5	

정답은 **182쪽**에 있습니다.

날짜 : ___________ . ___ . ___________   시간 : ___________

		9	7	8	6	5	1	4
7			4	3		9		
	6	4	2		5	8	7	
		2						1
	1	6			9			2
9	3					4	8	
	9				7			
	8					3		7
			6				5	

정답은 **182쪽**에 있습니다.

날짜 : _______ . ___ . ___   시간 : _______

4				1	9	7	2	
	7				4	6		5
				6	7	9		4
7			3					
	3					2		
8				7		3		1
		4	9					
	2		7		1	8		9
			5					2

정답은 **182쪽**에 있습니다.

날짜 : _______ . _______ . _______   시간 : _______

	5	3	9	6	1	7		
1	9	4	7	8				6
7			3	5		1		
	4			1	6			5
5	6							
	3					5	6	
4					7	9	1	
6	7	1				8		

정답은 **182쪽**에 있습니다.

113

날짜 : _____ . _____ . _____   시간 : _________

3	7	2		5		6		4
	9		1	2		5		
					7		2	
9								2
2	8		5				7	
	5			3				
		1		7				5
7	9			1			4	6
6	2		4	8		7		

정답은 **182쪽**에 있습니다.

SUDOKU

114

중급

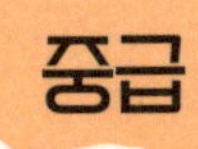

날짜 : . .   시간 :

	5		4		9	3		
	4		5					
	8		3			4		
					5	1		
4				9		2		
	9				1	6	3	
	2			5				
5		3				9		4
7	6			3	4	5		

정답은 **182쪽**에 있습니다.

날짜 : ___________ . . ___________   시간 : ___________

					2	7		9
		3	1		5	8	2	
			7					6
	2	5					4	3
7		6	4	1	9		8	2
8	9			5	3			
	1	7					6	5
				4				
			5			2		7

정답은 **183쪽**에 있습니다.

날짜 : _______ . _______ . _______   시간 : _______

7								
	1			4		5	3	2
							9	4
	6						2	
			6	5		9	7	3
5				2				1
4		8	5		3	6		9
		5					4	7
3	7	1	9	6				

정답은 **183쪽**에 있습니다.

날짜 : ________ . ____ . ________   시간 : ________

	2	7			1			6
	3						2	
6		5		3			1	8
2		8			6		5	
		3	9	1				
1			3	2		8		
				9			7	3
					3			
	1		6		4		8	

정답은 **183쪽**에 있습니다.

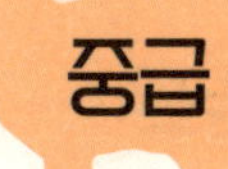

날짜 : ___ . ___ . ___   시간 : _________

		5		1				
			8	9				
	9	2			5	7		
			5	4	7	8		
			3	6		2	1	
3	4	8						5
9	2	1		8	6		3	
		4	9		3		2	
7	8		2	5				6

정답은 **183쪽**에 있습니다.

SUDOKU
119

날짜 : ___ . ___ . ___   시간 : ___

					9			4
5			3	7		1		
3			1	4		7	8	5
8		1	6			9		
	7	3	4		8			1
					7			3
7	1				4		9	
	3	2		8	5		1	
			6	9				

정답은 **183쪽**에 있습니다.

날짜 : ___ . ___ . ___   시간 : ___________

5				6			9	
8			5		1	7		
				7	8			5
1								
	5		8		3	6	4	
6	3		2	7	4	1		
7	9		1					
4						9		
	1	3				5		

정답은 **183쪽**에 있습니다.

SUDOKU
121

📅 날짜 : _______ . _____ . _________   🕐 시간 : _________

					6		5	1
			8				6	3	4
	3				2	7		
				8	7			2
1				2		4		
6	8							
9					1	8		7
	1	8	9	6			2	5
			7					6

정답은 **184쪽**에 있습니다.

날짜 : _______ . _______ . _______   시간 : _______

		6	1	7			4	
7								
					6			
2	3	9	4			5		7
		1			5	4	3	2
8		5	2	3	7	6	9	
				9		7		
		7	5					6
							5	9

정답은 **184쪽**에 있습니다.

📅 날짜 : ___________ . ___________ .   🕐 시간 : ___________

4				9	7		3	8
	1		5					
				3	8		4	6
				8				
1			9	5			8	
		7	6			9	1	
5		4				8		1
6			8		9			
2			4	1	5	6	7	

정답은 **184쪽**에 있습니다.

날짜 : ______ . ______ . ______   시간 : ____________

		5	2		8	1		3
		1		9	5			6
2		7		4				
		9		8				
8	5				2			
6	7		9		3		1	
5				2		3	8	
1				6		7		
7	4			3			2	

정답은 **184쪽**에 있습니다.

날짜 : ________ . ________ . ________   시간 : ________

7	8	5	3	4				
			1		6		5	9
8								6
		1				4	7	
9	5	7	4		8		1	
			8			3	4	
	1				2			
5			9			1	6	

정답은 **184쪽**에 있습니다.

날짜 : _____ . _____ . _____   시간 : _____

6	2	3	4	7	8	5		
4	5	8	1					
	7	1		5		8	4	2
		7	6					
							2	
		2	9	4		1		6
			8			2		
			2		9		7	
	1	4		6	5	9		

정답은 **184쪽**에 있습니다.

날짜 : _______ . _______ . _______   시간 : _________

					5	4		
1	6		7	4		5	3	2
5		7						1
8		1	3	5				4
6	3							
7			4				1	
	2	5						
		6		3	1			
3		8		6	2			5

정답은 **185쪽**에 있습니다.

날짜 : ___________ . ___ . ___   시간 : ___________

3	2	8	9					
5		9				8	3	
		6						
	3		7		5			
		5	4	8	9	3		
	9	7	2		3			4
9			5				6	
				9				
4	5	1				9		

정답은 **185쪽**에 있습니다.

📅 날짜 : _______ . _____ . _____   🕐 시간 : _________

		5	4					1
	8		3				4	
3	4		8					
5	2			1	8			6
9		3		8				
	6			5		3		
7	9		1	4	6			
2	3		5					
			9			7	2	8

정답은 185쪽에 있습니다.

날짜 : _______ . _____ . _____   시간 : _________

2		9		3		6		7
3					9	5		
			6				2	
		4		1			8	
		3			6	1		
				2		4	3	6
6	1				2			
		2	4		1	8	7	
	8				7		6	

정답은 **185쪽**에 있습니다.

날짜 : ___________ . . ___________   시간 : ___________

9								
	6	3					7	
1	4		5			3		
			4	1	5	7	3	
			2			6	5	4
4					6		8	1
	9				2	5		
5	1	4	8	9		2		
			3		4	8		

정답은 **185쪽**에 있습니다.

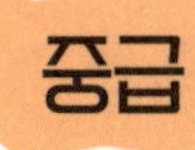

날짜 : ________ . ________ . ________   시간 : __________

1	2	4		8	6	3		
	6	8	7	4		2		
5			1	2				6
3	9		4	7		1	8	
4					8		9	7
8	1			9	2	4	5	3
7	8	5		3				1
						7		4
2								8

정답은 **185쪽**에 있습니다.

SUDOKU
133

날짜 : ______ . ______ . ______   시간 : ______

7	9				4		5	6
	4	2	8			9	3	
5	8			3			4	7
1	3	8	4		7			2
9	6		3		2		7	
	2	7	6	9				3
8				3		7	2	
3		9		2	8			
2	7		5	6	9	3	1	

정답은 **186쪽**에 있습니다.

날짜 : ______ . ______ . ______   시간 : ______

	5	7				6		
9	2				4	1	8	
		4	2	5				
					3		1	6
5	1	6					2	9
2			5		6			
	9	2	6	7	1	4	5	
	8				5	2	3	
4	7			8				1

정답은 **186쪽**에 있습니다.

SUDOKU
135

날짜 : ________ . ____ . ____   시간 : ________

4	6			3	5	7	9	
5						8		
	8		6	7		4		
			9				7	6
	2			4	7		3	
					6			
	6	5		2	8			7
4				6	9	3	8	5
1	9						2	

정답은 **186쪽**에 있습니다.

날짜 : _______ . _____ . _______   시간 : _________

5				3			8	
7			4	2	8	1		
9		2	5		6			
	2	6			7	4	9	
3	7	5		9				
		1						
			8	4		7		
1		7	3		5		2	8
	3	8	9				1	

정답은 **186쪽**에 있습니다.

SUDOKU
137

날짜 : _______ . _______ . _______   시간 : _______

	4			1		3	9	
			3		6			7
7			4	2				8
				3	9			
		5	6	8				
2		1		7			3	
1							8	6
6	7				1			
9			8	6		7	5	

정답은 **186쪽**에 있습니다.

날짜 : _____ . _____ . _____   시간 : _________

	7	6	3	1				
			9				6	
1	4			6	7	3	9	8
	9			4	1			2
	2					6		9
6			5		9	8	7	
2		8						
	6					2	8	
	5			8			1	6

정답은 **186쪽**에 있습니다.

날짜 : ___ . ___ . ___   시간 : ________

		3			7	2		
		2		1	3	7		
7				6		3		
	4					1		2
		5		7	9	4	6	
			2		4		5	8
9					5			
	3	6	7				8	
	2					5		7

정답은 **187쪽**에 있습니다.

날짜 : _______ . _______ . _______   시간 : _______

	2				8	1	6	
4	8				3	7		
	9		5	1	2	3		
	6	9	3		4			1
2		5		6		4	9	
		4						
						5		2
		2	1					
	4		2		5		1	

정답은 **187쪽**에 있습니다.

SUDOKU
141

날짜 : ___________ . _______ . ___________   시간 : ___________

	2		4		1	7		
7	6	4						
3	1	8				9		
2		7	8				4	
			7	2		3		1
			5		4	2		
	5	2		4			7	3
6			1		5		2	8
					2		6	9

정답은 **187쪽**에 있습니다.

날짜 : _______ . _____ .   시간 : _________

3		9		5				
	1				6	9	3	5
		6		3			4	8
	3			1			9	
9	4	7						
8	6		7	9				
6	8			2			5	
			6	4	1	8		
			9	8				

정답은 **187쪽**에 있습니다.

날짜 : 　.　　.　　　　　　시간 : ___________

			5	7	8	3		
	1	3						
9								
3				4	6		8	7
		2	7					3
6	7	8	1	9			4	5
7			9		2			
8		5	3	1				9
		1						

정답은 **187쪽**에 있습니다.

날짜 : _______ . _____ . _______   시간 : _________

			8			5		6
		4			9		7	
		5		7				
				1		4		
			8			6	9	7
	4	9	6	5	7	3	1	8
6	3		4				2	5
			2			1	6	4
4			7				8	

정답은 **187쪽**에 있습니다.

날짜 : _________ . _____ . _________   시간 : _________

6	5	7	4		9			
9		8	7		3	5		6
		3		6				
4	9		8	5	2		1	3
					1			
	3	1		4		9		5
				9				1
	6	4						9
3		9				2		4

정답은 **188쪽**에 있습니다.

날짜 : _______ . _____ . _______   시간 : _________

	2				3	1		
5						9	6	8
	6	1	9		4		2	
	3	2	5	9		6	7	
9	7			4				
1		6	3	7		4		9
6					5			4
	1			6				
			8					6

정답은 **188쪽**에 있습니다.

날짜 : _______ . _____ . _______   시간 : _________

3			1		8			6
8	5							7
1	6			5				8
7			2		1	5		
			4		3	6	1	
		3	6	9			8	
	2	8	5	3	7	9		1
						4	2	3
	3				4			

정답은 **188쪽**에 있습니다.

SUDOKU
148

중급

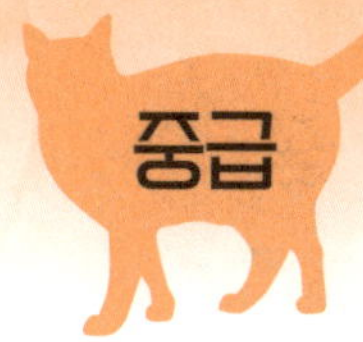

날짜 : . .

시간 :

2	8		9				7	
				7			1	
	7							
		9				8	5	
	6	8			7			4
7	5				2			
			6	4	9		3	2
5	9	2		8		6		1
6		3	2			7		

정답은 **188쪽**에 있습니다.

날짜 : _____ . _____ . _____   시간 : _________

5			4		7	3	9	
	4			8				
8	3			1				7
		4						
3	7		2		8	1	4	
			5				7	3
	5	1				7		
4			1		6			
		3	7	5	4	6		

정답은 **188쪽**에 있습니다.

날짜 : . .   시간 :

정답은 **188쪽**에 있습니다.

스도쿠 150

정답

초급 : 1~90
중급 : 91~150

001

2	1	9	5	3	8	7	4	6
6	4	7	1	9	2	5	3	8
8	5	3	4	7	6	2	1	9
7	3	4	2	6	5	8	9	1
9	6	1	8	4	7	3	5	2
5	2	8	9	1	3	6	7	4
3	9	6	7	8	4	1	2	5
4	8	5	3	2	1	9	6	7
1	7	2	6	5	9	4	8	3

002

5	2	6	7	8	9	4	1	3
4	1	8	3	6	2	5	7	9
3	9	7	1	5	4	6	2	8
9	8	2	4	3	6	7	5	1
7	3	4	2	1	5	8	9	6
1	6	5	9	7	8	3	4	2
8	4	1	6	9	7	2	3	5
2	5	3	8	4	1	9	6	7
6	7	9	5	2	3	1	8	4

003

8	3	4	1	9	7	6	2	5
6	9	1	5	4	2	3	8	7
7	5	2	6	8	3	4	9	1
3	8	9	2	7	4	5	1	6
5	4	6	3	1	9	2	7	8
1	2	7	8	6	5	9	4	3
9	1	8	4	3	6	7	5	2
2	7	3	9	5	1	8	6	4
4	6	5	7	2	8	1	3	9

004

1	4	3	5	8	7	6	9	2
7	9	2	1	6	4	3	8	5
8	5	6	9	3	2	1	7	4
9	7	8	4	1	6	2	5	3
2	1	5	3	9	8	7	4	6
3	6	4	7	2	5	9	1	8
5	8	9	2	7	3	4	6	1
4	3	7	6	5	1	8	2	9
6	2	1	8	4	9	5	3	7

005

8	2	4	7	1	5	6	3	9
5	3	1	2	9	6	8	7	4
9	6	7	8	4	3	2	5	1
6	1	9	3	7	8	4	2	5
2	8	3	6	5	4	1	9	7
7	4	5	9	2	1	3	8	6
4	5	2	1	8	7	9	6	3
1	9	6	5	3	2	7	4	8
3	7	8	4	6	9	5	1	2

006

5	7	2	4	9	3	8	1	6
8	1	4	6	7	5	2	3	9
9	6	3	1	2	8	5	7	4
6	9	8	2	5	1	3	4	7
3	5	1	7	8	4	6	9	2
4	2	7	9	3	6	1	8	5
7	4	6	8	1	2	9	5	3
1	3	9	5	6	7	4	2	8
2	8	5	3	4	9	7	6	1

007

1	5	9	3	6	4	8	2	7
7	3	6	1	2	8	9	5	4
4	2	8	9	7	5	6	1	3
3	8	5	2	9	1	7	4	6
6	1	2	8	4	7	3	9	5
9	4	7	5	3	6	2	8	1
8	6	3	4	1	2	5	7	9
2	9	4	7	5	3	1	6	8
5	7	1	6	8	9	4	3	2

008

1	2	3	5	7	9	6	8	4
6	8	5	4	1	2	3	9	7
4	9	7	6	8	3	5	1	2
3	7	2	1	9	8	4	6	5
8	4	9	7	6	5	2	3	1
5	6	1	2	3	4	9	7	8
2	3	8	9	5	1	7	4	6
9	5	6	8	4	7	1	2	3
7	1	4	3	2	6	8	5	9

009

6	9	7	1	2	5	4	8	3
4	1	8	3	7	9	5	2	6
2	3	5	8	6	4	1	9	7
5	8	4	9	1	6	3	7	2
1	2	3	7	5	8	6	4	9
7	6	9	2	4	3	8	5	1
8	7	2	4	3	1	9	6	5
3	4	6	5	9	2	7	1	8
9	5	1	6	8	7	2	3	4

010

3	5	4	6	8	7	9	2	1
6	9	7	1	2	3	5	8	4
2	8	1	4	9	5	3	7	6
5	3	8	7	1	6	2	4	9
9	1	6	5	4	2	7	3	8
4	7	2	8	3	9	1	6	5
7	4	9	2	6	1	8	5	3
1	6	5	3	7	8	4	9	2
8	2	3	9	5	4	6	1	7

011

1	3	6	9	4	5	7	2	8
5	4	7	8	2	1	6	3	9
9	2	8	3	6	7	1	4	5
3	9	5	4	1	8	2	7	6
8	6	1	2	7	3	9	5	4
2	7	4	6	5	9	3	8	1
6	8	2	1	3	4	5	9	7
4	5	3	7	9	6	8	1	2
7	1	9	5	8	2	4	6	3

012

5	2	3	7	4	1	6	9	8
9	6	4	3	5	8	1	2	7
1	8	7	6	9	2	3	5	4
6	3	2	9	7	5	4	8	1
8	9	1	4	2	3	5	7	6
4	7	5	8	1	6	2	3	9
3	1	6	2	8	7	9	4	5
7	5	9	1	3	4	8	6	2
2	4	8	5	6	9	7	1	3

013

1	8	3	7	4	2	6	5	9
2	5	7	6	9	8	4	3	1
9	4	6	3	5	1	2	8	7
3	9	2	1	7	5	8	4	6
7	6	8	9	3	4	5	1	2
5	1	4	8	2	6	7	9	3
4	7	1	2	8	9	3	6	5
6	3	5	4	1	7	9	2	8
8	2	9	5	6	3	1	7	4

014

7	1	4	5	3	9	2	6	8
2	5	6	8	7	1	3	4	9
3	9	8	6	4	2	5	1	7
5	4	1	3	6	8	7	9	2
9	3	7	4	2	5	1	8	6
8	6	2	9	1	7	4	3	5
6	2	3	7	8	4	9	5	1
1	8	9	2	5	3	6	7	4
4	7	5	1	9	6	8	2	3

015

9	2	7	5	1	8	3	4	6
3	4	1	6	2	7	5	8	9
8	6	5	9	4	3	2	7	1
1	8	6	7	5	9	4	3	2
5	7	4	1	3	2	9	6	8
2	3	9	8	6	4	7	1	5
7	5	3	2	8	6	1	9	4
4	1	8	3	9	5	6	2	7
6	9	2	4	7	1	8	5	3

016

6	5	8	7	1	9	3	2	4
9	4	7	5	3	2	6	8	1
2	1	3	8	6	4	5	7	9
8	6	9	2	5	3	4	1	7
1	3	4	6	9	7	8	5	2
7	2	5	4	8	1	9	6	3
4	8	1	3	7	5	2	9	6
5	7	2	9	4	6	1	3	8
3	9	6	1	2	8	7	4	5

017

8	3	4	5	1	9	7	6	2
9	7	6	8	2	3	4	5	1
5	1	2	6	4	7	3	8	9
4	8	1	7	5	2	9	3	6
3	6	7	9	8	1	5	2	4
2	9	5	4	3	6	8	1	7
6	2	9	3	7	5	1	4	8
1	5	8	2	9	4	6	7	3
7	4	3	1	6	8	2	9	5

018

7	2	8	1	4	6	9	3	5
9	4	5	7	3	2	1	8	6
3	6	1	8	5	9	7	2	4
6	5	2	4	8	1	3	7	9
4	7	9	5	2	3	6	1	8
1	8	3	9	6	7	5	4	2
2	9	6	3	1	8	4	5	7
8	3	4	6	7	5	2	9	1
5	1	7	2	9	4	8	6	3

019

7	2	1	9	4	5	6	3	8
5	9	6	7	8	3	4	1	2
4	8	3	2	1	6	5	7	9
1	3	9	6	5	2	7	8	4
6	5	4	8	7	9	3	2	1
8	7	2	1	3	4	9	5	6
2	4	5	3	9	8	1	6	7
3	6	7	4	2	1	8	9	5
9	1	8	5	6	7	2	4	3

020

5	6	4	2	8	7	9	3	1
9	1	8	6	5	3	7	2	4
2	3	7	1	4	9	6	8	5
6	9	5	8	3	2	1	4	7
4	7	3	9	1	6	8	5	2
8	2	1	5	7	4	3	9	6
1	8	9	4	6	5	2	7	3
3	5	6	7	2	8	4	1	9
7	4	2	3	9	1	5	6	8

021

9	1	8	4	7	3	5	6	2
4	2	6	8	5	9	3	7	1
5	7	3	2	1	6	8	9	4
2	6	4	5	3	8	7	1	9
8	9	1	7	6	2	4	3	5
3	5	7	1	9	4	2	8	6
6	8	9	3	2	5	1	4	7
7	4	5	9	8	1	6	2	3
1	3	2	6	4	7	9	5	8

022

9	5	8	2	3	1	6	7	4
1	3	2	6	7	4	9	8	5
4	7	6	9	5	8	1	2	3
3	2	4	5	8	6	7	9	1
7	6	9	3	1	2	5	4	8
8	1	5	4	9	7	2	3	6
6	4	1	8	2	9	3	5	7
2	8	3	7	6	5	4	1	9
5	9	7	1	4	3	8	6	2

023

1	7	2	5	6	4	9	3	8
6	5	8	3	9	2	4	1	7
3	9	4	1	7	8	6	5	2
8	1	5	9	2	7	3	4	6
7	2	3	6	4	1	8	9	5
9	4	6	8	5	3	7	2	1
2	8	9	7	3	5	1	6	4
4	3	7	2	1	6	5	8	9
5	6	1	4	8	9	2	7	3

024

3	9	7	1	5	8	6	4	2
5	4	1	6	2	3	7	8	9
6	2	8	7	4	9	5	3	1
7	1	3	9	6	4	2	5	8
9	8	5	2	3	7	1	6	4
4	6	2	5	8	1	3	9	7
1	7	6	8	9	5	4	2	3
8	5	4	3	7	2	9	1	6
2	3	9	4	1	6	8	7	5

025

3	5	1	2	4	8	9	7	6
6	4	2	3	9	7	1	8	5
9	7	8	5	1	6	2	3	4
8	2	3	1	5	9	6	4	7
5	9	7	6	8	4	3	1	2
1	6	4	7	3	2	8	5	9
4	3	9	8	2	5	7	6	1
7	1	5	9	6	3	4	2	8
2	8	6	4	7	1	5	9	3

026

2	9	1	6	5	3	8	7	4
3	8	7	9	1	4	5	6	2
5	6	4	7	8	2	9	1	3
9	2	6	3	4	1	7	8	5
7	3	5	2	6	8	1	4	9
1	4	8	5	7	9	3	2	6
4	7	3	8	9	6	2	5	1
8	1	9	4	2	5	6	3	7
6	5	2	1	3	7	4	9	8

027

1	5	9	7	3	8	6	4	2
4	2	3	1	9	6	8	5	7
7	6	8	4	2	5	3	1	9
2	8	6	9	4	7	5	3	1
3	7	4	6	5	1	2	9	8
5	9	1	3	8	2	7	6	4
8	3	5	2	1	9	4	7	6
9	4	7	8	6	3	1	2	5
6	1	2	5	7	4	9	8	3

028

1	7	2	5	6	9	4	3	8
8	3	4	1	7	2	9	5	6
9	6	5	3	8	4	1	2	7
2	5	3	6	9	8	7	4	1
6	9	7	4	2	1	5	8	3
4	1	8	7	3	5	2	6	9
5	4	6	8	1	7	3	9	2
3	2	1	9	5	6	8	7	4
7	8	9	2	4	3	6	1	5

029

4	8	5	6	9	1	7	3	2
6	7	2	3	8	4	5	9	1
1	9	3	7	2	5	6	4	8
7	4	9	1	5	6	2	8	3
3	5	6	2	4	8	1	7	9
2	1	8	9	7	3	4	6	5
8	6	4	5	1	9	3	2	7
5	3	7	8	6	2	9	1	4
9	2	1	4	3	7	8	5	6

030

1	3	9	5	8	2	4	7	6
4	7	8	3	6	9	5	1	2
6	5	2	1	7	4	9	3	8
5	8	3	6	9	1	2	4	7
9	2	1	7	4	3	6	8	5
7	4	6	8	2	5	3	9	1
3	1	7	4	5	6	8	2	9
2	6	4	9	1	8	7	5	3
8	9	5	2	3	7	1	6	4

031

4	1	5	9	8	3	6	7	2
3	8	7	2	5	6	9	1	4
6	2	9	7	1	4	3	5	8
8	4	2	3	6	7	5	9	1
7	9	3	1	4	5	8	2	6
5	6	1	8	9	2	7	4	3
9	3	6	5	2	1	4	8	7
2	7	8	4	3	9	1	6	5
1	5	4	6	7	8	2	3	9

032

5	1	8	2	7	9	6	3	4
2	4	6	5	3	1	8	7	9
3	9	7	4	6	8	2	1	5
4	2	9	8	1	6	3	5	7
7	5	3	9	2	4	1	6	8
6	8	1	7	5	3	4	9	2
1	7	5	3	8	2	9	4	6
8	3	4	6	9	5	7	2	1
9	6	2	1	4	7	5	8	3

033

8	4	6	3	1	9	2	7	5
9	1	7	4	5	2	3	6	8
5	3	2	7	8	6	1	9	4
7	5	9	1	4	8	6	2	3
1	2	3	5	6	7	8	4	9
6	8	4	9	2	3	5	1	7
2	6	5	8	7	4	9	3	1
4	9	1	2	3	5	7	8	6
3	7	8	6	9	1	4	5	2

034

3	5	7	9	2	4	1	8	6
1	2	6	5	7	8	3	9	4
8	9	4	1	6	3	5	2	7
6	8	1	7	9	5	4	3	2
9	4	3	2	8	6	7	5	1
2	7	5	3	4	1	9	6	8
7	6	9	4	5	2	8	1	3
5	1	8	6	3	7	2	4	9
4	3	2	8	1	9	6	7	5

035

4	2	7	6	3	5	1	9	8
8	1	5	4	9	7	2	3	6
6	9	3	8	1	2	5	7	4
3	7	4	5	6	9	8	2	1
9	5	1	3	2	8	6	4	7
2	8	6	1	7	4	9	5	3
1	4	8	2	5	3	7	6	9
7	3	2	9	8	6	4	1	5
5	6	9	7	4	1	3	8	2

036

7	9	5	6	4	2	1	8	3
6	4	8	1	7	3	2	5	9
1	3	2	9	8	5	4	7	6
2	5	9	3	1	6	7	4	8
3	7	4	5	9	8	6	2	1
8	6	1	7	2	4	3	9	5
4	1	6	8	5	7	9	3	2
5	2	3	4	6	9	8	1	7
9	8	7	2	3	1	5	6	4

037

4	3	5	6	8	1	9	2	7
7	6	1	4	2	9	8	5	3
9	2	8	7	5	3	6	4	1
5	9	4	2	1	7	3	6	8
6	7	3	8	4	5	1	9	2
1	8	2	9	3	6	5	7	4
3	1	9	5	7	2	4	8	6
8	5	7	3	6	4	2	1	9
2	4	6	1	9	8	7	3	5

038

7	1	5	6	4	8	9	2	3
2	9	4	5	3	7	1	8	6
3	8	6	1	9	2	5	7	4
5	4	1	7	8	9	6	3	2
8	7	3	2	5	6	4	1	9
6	2	9	4	1	3	7	5	8
4	3	7	8	6	1	2	9	5
1	6	8	9	2	5	3	4	7
9	5	2	3	7	4	8	6	1

039

3	1	4	6	9	5	8	2	7
2	6	9	3	7	8	4	5	1
8	7	5	2	4	1	3	6	9
7	9	8	5	6	4	2	1	3
1	4	6	9	2	3	5	7	8
5	3	2	1	8	7	9	4	6
6	2	7	8	5	9	1	3	4
4	8	3	7	1	2	6	9	5
9	5	1	4	3	6	7	8	2

040

6	9	3	4	2	8	7	5	1
2	4	7	6	1	5	8	9	3
1	5	8	9	7	3	6	4	2
9	2	5	3	6	1	4	7	8
7	1	6	2	8	4	9	3	5
3	8	4	5	9	7	1	2	6
5	7	2	1	4	6	3	8	9
8	6	9	7	3	2	5	1	4
4	3	1	8	5	9	2	6	7

041

4	5	3	7	6	2	8	1	9
7	9	8	1	5	3	2	6	4
2	1	6	9	4	8	5	3	7
9	8	7	5	2	1	3	4	6
6	3	4	8	7	9	1	5	2
5	2	1	6	3	4	7	9	8
3	6	2	4	1	7	9	8	5
8	7	5	3	9	6	4	2	1
1	4	9	2	8	5	6	7	3

042

2	5	3	6	1	7	8	4	9
6	9	1	8	5	4	2	7	3
8	4	7	3	2	9	1	5	6
1	2	8	9	7	5	6	3	4
5	7	6	1	4	3	9	2	8
4	3	9	2	8	6	7	1	5
3	8	2	5	9	1	4	6	7
7	1	5	4	6	8	3	9	2
9	6	4	7	3	2	5	8	1

043

3	6	8	5	4	2	7	9	1
7	1	2	9	6	8	4	3	5
5	9	4	3	1	7	8	6	2
8	7	9	1	2	4	6	5	3
6	3	1	8	7	5	2	4	9
4	2	5	6	9	3	1	8	7
9	4	7	2	3	6	5	1	8
2	8	3	4	5	1	9	7	6
1	5	6	7	8	9	3	2	4

044

2	3	7	4	8	6	9	5	1
6	5	4	7	1	9	8	3	2
8	9	1	3	5	2	7	6	4
9	4	5	1	6	3	2	8	7
1	7	6	8	2	4	5	9	3
3	2	8	9	7	5	1	4	6
5	1	3	2	4	8	6	7	9
7	6	9	5	3	1	4	2	8
4	8	2	6	9	7	3	1	5

045

3	2	7	5	4	8	1	6	9
9	1	6	2	7	3	5	8	4
8	5	4	6	9	1	7	3	2
4	3	9	8	1	7	6	2	5
7	8	2	3	6	5	4	9	1
1	6	5	4	2	9	8	7	3
5	9	1	7	3	6	2	4	8
2	7	8	9	5	4	3	1	6
6	4	3	1	8	2	9	5	7

046

9	4	3	6	2	1	7	5	8
7	2	1	3	8	5	9	6	4
6	5	8	4	9	7	1	3	2
5	1	6	8	7	9	4	2	3
8	7	4	2	3	6	5	9	1
3	9	2	5	1	4	8	7	6
1	6	5	9	4	2	3	8	7
2	8	7	1	5	3	6	4	9
4	3	9	7	6	8	2	1	5

047

7	5	8	6	9	1	4	3	2
1	2	4	5	3	7	8	6	9
9	3	6	4	2	8	1	5	7
2	4	9	7	1	6	5	8	3
5	6	7	3	8	9	2	4	1
3	8	1	2	5	4	7	9	6
4	1	5	9	7	3	6	2	8
8	9	2	1	6	5	3	7	4
6	7	3	8	4	2	9	1	5

048

3	6	9	2	4	7	8	1	5
1	5	4	8	3	9	2	7	6
7	8	2	5	6	1	4	3	9
5	3	8	6	7	2	9	4	1
6	4	1	3	9	5	7	8	2
9	2	7	4	1	8	6	5	3
8	7	6	9	5	3	1	2	4
2	9	3	1	8	4	5	6	7
4	1	5	7	2	6	3	9	8

049

3	8	1	9	6	2	4	5	7
9	4	6	8	5	7	1	3	2
5	7	2	1	3	4	6	9	8
8	9	4	6	1	3	7	2	5
1	3	7	2	9	5	8	4	6
2	6	5	7	4	8	3	1	9
7	1	9	4	2	6	5	8	3
4	5	8	3	7	9	2	6	1
6	2	3	5	8	1	9	7	4

050

3	1	8	6	5	9	7	2	4
7	9	2	8	4	1	5	6	3
4	6	5	2	7	3	1	8	9
1	4	7	3	2	5	8	9	6
5	8	9	7	6	4	2	3	1
6	2	3	9	1	8	4	7	5
9	3	1	5	8	2	6	4	7
8	7	4	1	9	6	3	5	2
2	5	6	4	3	7	9	1	8

051

3	4	1	8	2	6	5	7	9
2	9	6	1	5	7	8	3	4
8	5	7	3	4	9	6	1	2
1	8	4	5	9	3	2	6	7
6	3	5	4	7	2	1	9	8
7	2	9	6	1	8	4	5	3
4	6	3	7	8	1	9	2	5
5	7	2	9	6	4	3	8	1
9	1	8	2	3	5	7	4	6

052

1	7	6	2	5	3	9	8	4
9	2	3	8	4	6	7	5	1
4	8	5	9	7	1	2	3	6
3	4	7	6	1	2	8	9	5
2	5	8	4	3	9	6	1	7
6	1	9	7	8	5	4	2	3
7	9	1	3	2	4	5	6	8
8	3	2	5	6	7	1	4	9
5	6	4	1	9	8	3	7	2

053

2	3	7	9	5	4	6	8	1
6	8	9	3	7	1	2	5	4
4	5	1	2	8	6	3	9	7
8	6	4	7	2	5	9	1	3
9	7	2	8	1	3	4	6	5
3	1	5	4	6	9	8	7	2
5	9	6	1	3	2	7	4	8
7	4	3	5	9	8	1	2	6
1	2	8	6	4	7	5	3	9

054

6	4	8	2	3	1	7	9	5
7	1	5	4	9	8	3	6	2
3	9	2	7	6	5	4	1	8
4	8	7	3	1	2	9	5	6
5	3	9	6	8	4	1	2	7
2	6	1	9	5	7	8	4	3
9	7	4	8	2	6	5	3	1
8	5	6	1	4	3	2	7	9
1	2	3	5	7	9	6	8	4

055

5	7	3	9	2	6	8	1	4
6	1	2	8	7	4	9	3	5
8	9	4	1	3	5	7	6	2
7	4	1	5	6	3	2	9	8
3	6	5	2	8	9	1	4	7
2	8	9	4	1	7	3	5	6
4	2	8	6	9	1	5	7	3
9	5	7	3	4	2	6	8	1
1	3	6	7	5	8	4	2	9

056

9	2	3	5	1	6	7	8	4
6	1	7	8	4	3	9	5	2
4	8	5	7	2	9	3	1	6
5	7	2	1	3	4	8	6	9
8	3	4	6	9	5	1	2	7
1	6	9	2	7	8	4	3	5
2	4	8	9	5	1	6	7	3
7	9	6	3	8	2	5	4	1
3	5	1	4	6	7	2	9	8

057

2	1	5	3	6	9	4	8	7
7	3	9	2	8	4	5	1	6
6	4	8	7	1	5	3	9	2
4	2	1	6	3	8	7	5	9
8	9	3	5	7	1	6	2	4
5	6	7	4	9	2	1	3	8
9	7	6	8	5	3	2	4	1
3	8	2	1	4	7	9	6	5
1	5	4	9	2	6	8	7	3

058

8	9	4	6	3	5	1	2	7
1	2	7	4	9	8	3	5	6
3	6	5	7	2	1	4	9	8
7	5	8	9	4	2	6	1	3
6	4	2	3	1	7	5	8	9
9	1	3	8	5	6	7	4	2
2	7	6	5	8	4	9	3	1
4	8	9	1	6	3	2	7	5
5	3	1	2	7	9	8	6	4

059

4	8	9	2	5	6	7	3	1
1	7	5	8	9	3	4	6	2
6	2	3	1	4	7	9	5	8
9	1	4	3	8	5	2	7	6
8	6	7	4	1	2	5	9	3
5	3	2	7	6	9	1	8	4
7	5	1	6	3	4	8	2	9
3	9	8	5	2	1	6	4	7
2	4	6	9	7	8	3	1	5

060

7	8	9	2	4	5	3	1	6
2	3	5	1	8	6	7	9	4
1	6	4	3	9	7	2	5	8
5	4	2	8	1	3	6	7	9
6	7	3	9	5	4	8	2	1
9	1	8	7	6	2	4	3	5
3	9	6	5	2	8	1	4	7
4	5	7	6	3	1	9	8	2
8	2	1	4	7	9	5	6	3

061

6	8	2	1	5	7	3	9	4
4	7	9	8	3	2	6	5	1
1	3	5	4	6	9	7	8	2
9	2	7	3	8	4	1	6	5
5	6	8	2	7	1	9	4	3
3	4	1	6	9	5	2	7	8
2	5	6	7	4	3	8	1	9
7	1	4	9	2	8	5	3	6
8	9	3	5	1	6	4	2	7

062

8	7	1	9	3	4	6	5	2
5	3	9	2	6	7	8	1	4
4	2	6	8	5	1	3	7	9
1	4	3	7	2	5	9	6	8
9	5	8	1	4	6	2	3	7
7	6	2	3	9	8	5	4	1
6	9	4	5	1	2	7	8	3
3	1	7	6	8	9	4	2	5
2	8	5	4	7	3	1	9	6

063

9	3	5	1	6	4	8	2	7
1	4	2	5	8	7	3	6	9
6	7	8	9	3	2	1	5	4
2	8	6	3	5	9	4	7	1
4	9	7	8	2	1	5	3	6
5	1	3	7	4	6	9	8	2
7	5	9	6	1	3	2	4	8
3	2	1	4	7	8	6	9	5
8	6	4	2	9	5	7	1	3

064

2	5	4	9	7	8	3	1	6
8	7	1	6	3	4	9	5	2
9	6	3	2	1	5	7	8	4
1	8	9	4	5	3	2	6	7
5	3	6	8	2	7	1	4	9
7	4	2	1	9	6	5	3	8
4	9	5	3	8	2	6	7	1
6	1	7	5	4	9	8	2	3
3	2	8	7	6	1	4	9	5

065

4	9	8	1	6	5	7	2	3
5	7	1	2	4	3	6	9	8
3	2	6	8	7	9	1	5	4
6	3	9	5	8	2	4	7	1
2	1	4	3	9	7	8	6	5
7	8	5	4	1	6	2	3	9
8	6	3	9	2	1	5	4	7
9	4	7	6	5	8	3	1	2
1	5	2	7	3	4	9	8	6

066

5	4	3	7	6	8	2	9	1
7	1	6	9	2	3	5	4	8
9	8	2	1	5	4	7	6	3
8	3	1	5	9	6	4	2	7
6	2	5	4	7	1	8	3	9
4	7	9	3	8	2	6	1	5
1	6	4	8	3	7	9	5	2
3	5	7	2	4	9	1	8	6
2	9	8	6	1	5	3	7	4

067

6	4	9	8	3	2	7	5	1
3	7	1	4	6	5	9	8	2
8	5	2	9	7	1	6	4	3
7	9	5	6	2	3	4	1	8
1	2	3	7	4	8	5	9	6
4	6	8	1	5	9	3	2	7
9	8	4	3	1	7	2	6	5
5	3	6	2	8	4	1	7	9
2	1	7	5	9	6	8	3	4

068

7	5	1	2	9	6	3	8	4
6	3	2	1	4	8	7	9	5
9	8	4	3	5	7	1	2	6
2	7	8	4	6	1	5	3	9
4	6	9	5	8	3	2	7	1
3	1	5	9	7	2	6	4	8
8	9	6	7	2	5	4	1	3
1	4	7	6	3	9	8	5	2
5	2	3	8	1	4	9	6	7

069

2	1	7	6	3	9	5	8	4
8	4	9	1	5	7	3	2	6
6	5	3	2	4	8	7	9	1
7	8	1	5	2	6	9	4	3
5	9	2	3	7	4	1	6	8
4	3	6	8	9	1	2	7	5
1	7	8	9	6	5	4	3	2
9	2	5	4	8	3	6	1	7
3	6	4	7	1	2	8	5	9

070

2	3	4	8	9	7	5	1	6
9	1	5	3	6	4	8	2	7
7	8	6	2	1	5	9	3	4
8	6	2	4	3	9	7	5	1
3	9	1	5	7	2	4	6	8
5	4	7	6	8	1	2	9	3
6	5	3	7	2	8	1	4	9
1	2	8	9	4	3	6	7	5
4	7	9	1	5	6	3	8	2

071

4	9	2	5	7	3	6	8	1
1	8	3	6	2	9	7	4	5
5	7	6	8	4	1	2	9	3
2	4	8	3	9	5	1	6	7
9	5	1	7	6	4	8	3	2
6	3	7	1	8	2	4	5	9
7	1	5	4	3	6	9	2	8
3	6	9	2	1	8	5	7	4
8	2	4	9	5	7	3	1	6

072

3	8	9	4	2	7	6	1	5
4	6	7	5	3	1	8	2	9
1	2	5	9	8	6	7	4	3
7	3	6	1	9	5	4	8	2
2	9	1	3	4	8	5	7	6
5	4	8	7	6	2	9	3	1
6	1	3	8	5	4	2	9	7
9	5	4	2	7	3	1	6	8
8	7	2	6	1	9	3	5	4

073

3	6	5	9	4	8	7	1	2
9	1	2	3	7	6	8	4	5
7	8	4	1	5	2	9	6	3
2	7	3	5	1	9	4	8	6
1	5	9	8	6	4	3	2	7
6	4	8	2	3	7	5	9	1
4	2	1	7	9	3	6	5	8
5	3	6	4	8	1	2	7	9
8	9	7	6	2	5	1	3	4

074

8	7	2	9	4	5	1	3	6
3	6	4	1	2	8	7	5	9
1	5	9	7	3	6	8	4	2
6	2	5	4	7	1	9	8	3
7	9	1	8	6	3	4	2	5
4	3	8	5	9	2	6	7	1
2	4	7	3	1	9	5	6	8
5	1	6	2	8	4	3	9	7
9	8	3	6	5	7	2	1	4

075

4	6	7	5	2	3	1	9	8
8	1	3	4	7	9	2	5	6
5	9	2	6	8	1	4	7	3
7	5	8	1	4	2	6	3	9
6	2	1	3	9	8	5	4	7
3	4	9	7	5	6	8	2	1
1	3	4	2	6	7	9	8	5
9	7	5	8	1	4	3	6	2
2	8	6	9	3	5	7	1	4

076

2	9	5	3	7	4	6	8	1
4	3	6	1	8	2	9	7	5
1	8	7	6	5	9	3	2	4
7	1	8	9	6	3	5	4	2
3	2	9	8	4	5	7	1	6
6	5	4	7	2	1	8	9	3
5	7	1	4	9	6	2	3	8
8	6	3	2	1	7	4	5	9
9	4	2	5	3	8	1	6	7

077

6	8	9	7	5	3	2	1	4
2	3	1	4	8	9	7	6	5
5	7	4	6	2	1	3	8	9
7	5	8	9	6	2	1	4	3
9	6	2	1	3	4	5	7	8
1	4	3	8	7	5	6	9	2
8	2	7	3	9	6	4	5	1
4	9	5	2	1	7	8	3	6
3	1	6	5	4	8	9	2	7

078

3	5	9	8	6	4	2	7	1
8	7	6	1	5	2	9	3	4
4	1	2	7	9	3	6	5	8
1	2	7	6	4	8	5	9	3
9	4	8	2	3	5	7	1	6
5	6	3	9	7	1	8	4	2
6	9	1	3	8	7	4	2	5
7	3	5	4	2	6	1	8	9
2	8	4	5	1	9	3	6	7

079

5	2	3	7	6	8	9	1	4
8	6	9	1	2	4	5	7	3
1	7	4	3	9	5	8	2	6
9	1	6	5	3	2	4	8	7
3	8	5	6	4	7	2	9	1
7	4	2	8	1	9	3	6	5
4	5	7	2	8	6	1	3	9
2	9	1	4	7	3	6	5	8
6	3	8	9	5	1	7	4	2

080

2	8	9	6	3	4	1	7	5
3	5	1	8	7	9	6	2	4
4	6	7	1	2	5	8	3	9
5	3	4	7	6	1	9	8	2
7	9	6	5	8	2	4	1	3
1	2	8	4	9	3	7	5	6
8	7	2	9	5	6	3	4	1
9	1	3	2	4	7	5	6	8
6	4	5	3	1	8	2	9	7

081

8	1	6	2	7	5	9	3	4
3	5	4	6	9	1	7	8	2
9	7	2	4	3	8	1	5	6
6	9	1	7	2	3	5	4	8
2	3	5	1	8	4	6	9	7
4	8	7	5	6	9	2	1	3
1	2	9	3	4	6	8	7	5
7	4	8	9	5	2	3	6	1
5	6	3	8	1	7	4	2	9

082

9	5	7	2	6	1	3	4	8
4	6	3	9	7	8	2	1	5
1	8	2	3	5	4	7	6	9
8	3	6	5	2	7	4	9	1
2	1	4	8	3	9	6	5	7
7	9	5	1	4	6	8	2	3
3	2	9	6	8	5	1	7	4
5	4	8	7	1	2	9	3	6
6	7	1	4	9	3	5	8	2

083

2	6	8	5	7	3	4	9	1
7	4	1	6	8	9	3	5	2
9	5	3	1	4	2	7	8	6
4	3	6	8	1	7	9	2	5
1	2	5	9	6	4	8	3	7
8	7	9	3	2	5	6	1	4
6	1	2	4	3	8	5	7	9
3	9	7	2	5	6	1	4	8
5	8	4	7	9	1	2	6	3

084

9	1	7	2	6	8	5	3	4
6	8	5	4	1	3	9	2	7
3	2	4	5	7	9	6	8	1
2	3	8	9	5	1	7	4	6
5	6	9	3	4	7	8	1	2
4	7	1	6	8	2	3	9	5
1	5	2	8	3	6	4	7	9
8	9	6	7	2	4	1	5	3
7	4	3	1	9	5	2	6	8

085

9	1	2	5	7	4	8	6	3
3	8	5	6	1	2	9	7	4
6	7	4	3	8	9	1	5	2
2	3	9	7	4	8	6	1	5
4	5	7	1	9	6	3	2	8
1	6	8	2	3	5	7	4	9
5	9	6	8	2	7	4	3	1
7	4	1	9	5	3	2	8	6
8	2	3	4	6	1	5	9	7

086

9	2	3	1	4	8	7	6	5
1	7	8	3	5	6	9	2	4
4	6	5	9	2	7	3	1	8
5	9	7	4	3	1	6	8	2
3	1	6	5	8	2	4	9	7
8	4	2	6	7	9	1	5	3
2	3	9	8	6	4	5	7	1
6	8	4	7	1	5	2	3	9
7	5	1	2	9	3	8	4	6

087

7	2	3	5	1	8	4	9	6
4	8	1	6	3	9	5	7	2
5	6	9	4	7	2	8	3	1
6	9	2	3	5	4	7	1	8
8	1	7	9	2	6	3	5	4
3	4	5	1	8	7	2	6	9
2	3	8	7	9	1	6	4	5
9	5	6	8	4	3	1	2	7
1	7	4	2	6	5	9	8	3

088

7	5	4	9	6	8	3	1	2
6	8	2	5	3	1	7	4	9
3	1	9	7	4	2	8	6	5
4	7	3	2	5	6	1	9	8
1	9	6	3	8	4	5	2	7
8	2	5	1	9	7	4	3	6
9	3	8	6	1	5	2	7	4
2	4	1	8	7	9	6	5	3
5	6	7	4	2	3	9	8	1

089

3	6	5	4	9	2	7	8	1
1	2	7	8	3	6	4	9	5
8	4	9	1	7	5	2	6	3
7	1	4	5	8	9	3	2	6
9	3	8	2	6	4	5	1	7
6	5	2	3	1	7	8	4	9
2	7	3	9	4	1	6	5	8
4	8	1	6	5	3	9	7	2
5	9	6	7	2	8	1	3	4

090

1	9	3	5	6	7	2	8	4
5	4	6	9	8	2	7	3	1
2	8	7	1	4	3	9	5	6
8	3	9	4	5	1	6	2	7
4	2	5	7	3	6	1	9	8
6	7	1	8	2	9	3	4	5
7	5	2	3	1	4	8	6	9
3	1	4	6	9	8	5	7	2
9	6	8	2	7	5	4	1	3

091

7	8	6	2	4	3	1	9	5
3	5	1	6	9	7	8	2	4
4	2	9	1	8	5	6	3	7
2	4	7	8	6	9	5	1	3
5	1	8	7	3	2	4	6	9
9	6	3	5	1	4	7	8	2
8	9	5	3	7	1	2	4	6
6	3	2	4	5	8	9	7	1
1	7	4	9	2	6	3	5	8

092

5	7	8	6	1	9	3	2	4
4	2	6	3	7	8	1	5	9
3	1	9	4	2	5	8	6	7
8	5	7	1	3	6	4	9	2
1	6	4	7	9	2	5	3	8
2	9	3	5	8	4	6	7	1
6	8	1	9	5	7	2	4	3
7	4	2	8	6	3	9	1	5
9	3	5	2	4	1	7	8	6

093

7	2	1	6	9	4	5	8	3
5	6	3	2	8	7	4	9	1
9	4	8	5	3	1	2	7	6
4	9	2	3	1	8	6	5	7
8	7	5	9	2	6	3	1	4
1	3	6	7	4	5	9	2	8
2	8	7	4	6	9	1	3	5
3	1	4	8	5	2	7	6	9
6	5	9	1	7	3	8	4	2

094

6	4	8	3	5	9	2	7	1
3	5	1	6	7	2	9	8	4
2	7	9	8	4	1	6	3	5
1	3	5	7	2	8	4	9	6
7	9	4	5	1	6	8	2	3
8	6	2	4	9	3	1	5	7
9	2	6	1	3	7	5	4	8
4	8	3	9	6	5	7	1	2
5	1	7	2	8	4	3	6	9

095

7	5	1	9	8	6	4	2	3
3	9	6	1	2	4	8	5	7
2	8	4	5	7	3	9	6	1
8	2	5	4	9	1	7	3	6
1	4	7	3	6	2	5	8	9
9	6	3	8	5	7	1	4	2
6	3	8	7	1	5	2	9	4
4	7	9	2	3	8	6	1	5
5	1	2	6	4	9	3	7	8

096

5	3	6	8	4	9	7	2	1
7	2	9	6	1	5	3	4	8
4	1	8	7	3	2	6	5	9
9	4	3	2	6	1	5	8	7
1	7	5	9	8	4	2	3	6
6	8	2	5	7	3	1	9	4
8	6	4	3	2	7	9	1	5
3	9	1	4	5	6	8	7	2
2	5	7	1	9	8	4	6	3

097

2	8	5	6	3	4	1	7	9
3	7	6	1	9	8	4	2	5
1	9	4	7	5	2	8	3	6
7	1	8	3	6	9	2	5	4
9	6	2	8	4	5	3	1	7
4	5	3	2	7	1	9	6	8
5	2	1	9	8	6	7	4	3
6	3	9	4	2	7	5	8	1
8	4	7	5	1	3	6	9	2

098

5	6	2	9	8	3	1	4	7
8	1	7	2	4	5	9	6	3
3	4	9	7	6	1	5	2	8
9	5	8	4	7	6	3	1	2
1	7	4	3	2	8	6	9	5
2	3	6	5	1	9	7	8	4
7	2	1	6	5	4	8	3	9
4	8	3	1	9	7	2	5	6
6	9	5	8	3	2	4	7	1

099

9	6	4	3	5	7	8	2	1
2	7	5	8	1	4	6	3	9
1	3	8	2	9	6	5	4	7
6	2	7	9	4	3	1	5	8
5	4	3	1	6	8	9	7	2
8	1	9	5	7	2	3	6	4
7	9	1	4	3	5	2	8	6
3	8	6	7	2	1	4	9	5
4	5	2	6	8	9	7	1	3

100

4	5	1	6	2	8	7	3	9
3	7	6	9	4	5	1	8	2
8	9	2	7	3	1	6	5	4
2	3	9	8	6	7	5	4	1
5	1	8	3	9	4	2	6	7
7	6	4	1	5	2	3	9	8
9	8	3	2	1	6	4	7	5
6	2	5	4	7	9	8	1	3
1	4	7	5	8	3	9	2	6

101

5	6	8	2	1	3	9	4	7
4	7	3	5	9	8	2	6	1
1	9	2	7	6	4	8	3	5
2	4	9	6	7	1	3	5	8
6	3	7	4	8	5	1	2	9
8	1	5	9	3	2	4	7	6
3	5	6	1	2	9	7	8	4
7	2	1	8	4	6	5	9	3
9	8	4	3	5	7	6	1	2

102

9	2	6	7	1	8	4	3	5
7	4	1	9	5	3	2	8	6
8	5	3	6	2	4	7	9	1
3	9	4	1	6	7	8	5	2
2	7	5	3	8	9	1	6	4
6	1	8	5	4	2	3	7	9
5	8	2	4	7	6	9	1	3
4	6	9	8	3	1	5	2	7
1	3	7	2	9	5	6	4	8

103

5	1	2	7	4	3	9	8	6
9	4	6	1	8	5	7	2	3
3	8	7	6	2	9	1	5	4
6	5	8	4	9	1	2	3	7
2	7	4	8	3	6	5	1	9
1	3	9	2	5	7	4	6	8
4	6	5	3	7	2	8	9	1
7	9	1	5	6	8	3	4	2
8	2	3	9	1	4	6	7	5

104

9	7	5	1	3	4	6	8	2
2	3	4	5	8	6	7	9	1
1	6	8	9	7	2	5	4	3
6	8	2	4	1	5	9	3	7
7	4	1	3	2	9	8	5	6
3	5	9	8	6	7	1	2	4
4	2	7	6	5	8	3	1	9
5	9	3	7	4	1	2	6	8
8	1	6	2	9	3	4	7	5

105

9	8	3	6	5	2	4	1	7
6	5	1	7	8	4	3	9	2
4	7	2	3	9	1	8	5	6
1	2	8	5	7	9	6	3	4
7	4	5	2	3	6	9	8	1
3	9	6	1	4	8	7	2	5
5	3	4	9	1	7	2	6	8
2	1	7	8	6	3	5	4	9
8	6	9	4	2	5	1	7	3

106

4	6	1	3	9	2	5	8	7
8	3	7	6	5	4	1	9	2
5	9	2	1	7	8	3	6	4
3	7	6	8	1	9	2	4	5
9	4	5	2	6	7	8	3	1
1	2	8	5	4	3	9	7	6
6	8	9	4	2	1	7	5	3
2	5	3	7	8	6	4	1	9
7	1	4	9	3	5	6	2	8

107

1	2	3	4	8	6	7	9	5
8	7	5	1	3	9	4	2	6
9	4	6	2	7	5	3	8	1
7	3	1	6	4	8	2	5	9
4	8	9	3	5	2	6	1	7
6	5	2	9	1	7	8	3	4
3	6	4	8	9	1	5	7	2
2	1	7	5	6	3	9	4	8
5	9	8	7	2	4	1	6	3

108

2	1	6	3	5	8	4	9	7
4	7	8	1	9	2	3	6	5
5	3	9	7	4	6	8	1	2
8	6	3	2	1	5	7	4	9
9	5	1	4	8	7	2	3	6
7	4	2	6	3	9	1	5	8
6	2	4	5	7	1	9	8	3
3	8	5	9	2	4	6	7	1
1	9	7	8	6	3	5	2	4

109

5	1	3	2	9	8	4	6	7
4	2	7	3	6	5	1	8	9
9	6	8	7	4	1	5	3	2
3	5	1	6	7	4	2	9	8
8	4	6	9	1	2	3	7	5
7	9	2	8	5	3	6	4	1
6	8	5	1	3	9	7	2	4
2	7	4	5	8	6	9	1	3
1	3	9	4	2	7	8	5	6

110

3	2	9	7	8	6	5	1	4
7	5	8	4	3	1	9	2	6
1	6	4	2	9	5	8	7	3
5	4	2	8	7	3	6	9	1
8	1	6	5	4	9	7	3	2
9	3	7	1	6	2	4	8	5
6	9	1	3	5	7	2	4	8
2	8	5	9	1	4	3	6	7
4	7	3	6	2	8	1	5	9

111

4	6	8	5	1	9	7	2	3
2	7	9	8	3	4	6	1	5
3	1	5	2	6	7	9	8	4
7	9	1	3	8	2	4	5	6
6	4	3	1	9	5	2	7	8
8	5	2	4	7	6	3	9	1
1	8	4	9	2	3	5	6	7
5	2	6	7	4	1	8	3	9
9	3	7	6	5	8	1	4	2

112

8	5	3	9	6	1	7	4	2
1	9	4	7	8	2	3	5	6
7	2	6	3	5	4	1	8	9
3	4	7	8	1	6	2	9	5
2	1	9	4	7	5	6	3	8
5	6	8	2	9	3	4	7	1
9	3	2	1	4	8	5	6	7
4	8	5	6	2	7	9	1	3
6	7	1	5	3	9	8	2	4

113

3	7	2	9	5	8	6	1	4
4	6	9	1	2	3	5	8	7
5	1	8	6	4	7	3	2	9
9	3	7	8	6	1	4	5	2
2	8	6	5	9	4	1	7	3
1	5	4	7	3	2	9	6	8
8	4	1	3	7	6	2	9	5
7	9	3	2	1	5	8	4	6
6	2	5	4	8	9	7	3	1

114

6	5	7	4	2	9	3	1	8
3	4	2	5	1	8	7	9	6
1	8	9	3	7	6	4	5	2
2	3	6	7	8	5	1	4	9
4	7	1	6	9	3	2	8	5
8	9	5	2	4	1	6	3	7
9	2	4	1	5	7	8	6	3
5	1	3	8	6	2	9	7	4
7	6	8	9	3	4	5	2	1

115

4	8	1	6	3	2	7	5	9
6	7	3	1	9	5	8	2	4
2	5	9	7	8	4	3	1	6
1	2	5	8	7	6	9	4	3
7	3	6	4	1	9	5	8	2
8	9	4	2	5	3	6	7	1
3	1	7	9	2	8	4	6	5
5	6	2	3	4	7	1	9	8
9	4	8	5	6	1	2	3	7

116

7	4	2	3	9	5	1	8	6
9	1	6	8	4	7	5	3	2
8	5	3	2	1	6	7	9	4
1	6	7	4	3	9	8	2	5
2	8	4	6	5	1	9	7	3
5	3	9	7	2	8	4	6	1
4	2	8	5	7	3	6	1	9
6	9	5	1	8	2	3	4	7
3	7	1	9	6	4	2	5	8

117

8	2	7	4	5	1	9	3	6
9	3	1	8	6	7	5	2	4
6	4	5	2	3	9	7	1	8
2	9	8	7	4	6	3	5	1
5	7	3	9	1	8	4	6	2
1	6	4	3	2	5	8	9	7
4	8	6	5	9	2	1	7	3
7	5	2	1	8	3	6	4	9
3	1	9	6	7	4	2	8	5

118

8	3	5	7	1	2	4	6	9
1	6	7	8	9	4	3	5	2
4	9	2	6	3	5	7	8	1
2	1	6	5	4	7	8	9	3
5	7	9	3	6	8	2	1	4
3	4	8	1	2	9	6	7	5
9	2	1	4	8	6	5	3	7
6	5	4	9	7	3	1	2	8
7	8	3	2	5	1	9	4	6

119

1	6	7	8	5	9	2	3	4
5	4	8	3	7	2	1	6	9
3	2	9	1	4	6	7	8	5
8	5	1	6	2	3	9	4	7
2	7	3	4	9	8	6	5	1
6	9	4	5	1	7	8	2	3
7	1	5	2	6	4	3	9	8
9	3	2	7	8	5	4	1	6
4	8	6	9	3	1	5	7	2

120

5	7	2	3	6	8	4	9	1
8	4	9	5	2	1	7	6	3
3	6	1	4	9	7	8	2	5
1	2	4	6	5	9	3	8	7
9	5	7	8	1	3	6	4	2
6	3	8	2	7	4	1	5	9
7	9	6	1	8	5	2	3	4
4	8	5	7	3	2	9	1	6
2	1	3	9	4	6	5	7	8

121

8	4	9	3	7	6	2	5	1
2	7	1	8	9	5	6	3	4
5	3	6	4	1	2	7	9	8
4	9	3	5	8	7	1	6	2
1	5	7	6	2	9	4	8	3
6	8	2	1	4	3	5	7	9
9	6	5	2	3	1	8	4	7
7	1	8	9	6	4	3	2	5
3	2	4	7	5	8	9	1	6

122

3	8	6	1	7	9	2	4	5
9	7	4	8	5	2	1	6	3
1	5	2	3	4	6	9	7	8
2	3	9	4	6	1	5	8	7
7	6	1	9	8	5	4	3	2
8	4	5	2	3	7	6	9	1
5	1	8	6	9	3	7	2	4
4	9	7	5	2	8	3	1	6
6	2	3	7	1	4	8	5	9

123

4	5	6	2	9	7	1	3	8
8	1	3	5	6	4	7	2	9
7	2	9	1	3	8	5	4	6
9	4	5	7	8	1	3	6	2
1	6	2	9	5	3	4	8	7
3	8	7	6	4	2	9	1	5
5	7	4	3	2	6	8	9	1
6	3	1	8	7	9	2	5	4
2	9	8	4	1	5	6	7	3

124

9	6	5	2	7	8	1	4	3
4	8	1	3	9	5	2	7	6
2	3	7	1	4	6	8	9	5
3	1	9	4	8	7	5	6	2
8	5	4	6	1	2	9	3	7
6	7	2	9	5	3	4	1	8
5	9	6	7	2	1	3	8	4
1	2	3	8	6	4	7	5	9
7	4	8	5	3	9	6	2	1

125

7	8	5	3	4	9	6	2	1
2	3	4	1	8	6	7	5	9
1	9	6	5	2	7	8	3	4
8	4	2	7	1	3	5	9	6
3	6	1	2	9	5	4	7	8
9	5	7	4	6	8	2	1	3
6	2	9	8	7	1	3	4	5
4	1	3	6	5	2	9	8	7
5	7	8	9	3	4	1	6	2

126

6	2	3	4	7	8	5	9	1
4	5	8	1	9	2	7	6	3
9	7	1	3	5	6	8	4	2
5	4	7	6	2	1	3	8	9
1	6	9	5	8	3	4	2	7
3	8	2	9	4	7	1	5	6
7	9	6	8	3	4	2	1	5
8	3	5	2	1	9	6	7	4
2	1	4	7	6	5	9	3	8

127

2	8	3	1	9	5	4	7	6
1	6	9	7	4	8	5	3	2
5	4	7	6	2	3	9	8	1
8	9	1	3	5	7	6	2	4
6	3	4	2	1	9	8	5	7
7	5	2	4	8	6	3	1	9
9	2	5	8	7	4	1	6	3
4	7	6	5	3	1	2	9	8
3	1	8	9	6	2	7	4	5

128

3	2	8	9	5	1	7	4	6
5	4	9	6	7	2	8	3	1
7	1	6	3	4	8	2	9	5
2	3	4	7	1	5	6	8	9
1	6	5	4	8	9	3	2	7
8	9	7	2	6	3	5	1	4
9	7	3	5	2	4	1	6	8
6	8	2	1	9	7	4	5	3
4	5	1	8	3	6	9	7	2

129

2	6	5	4	7	9	3	8	1
7	1	8	5	3	6	9	4	2
9	3	4	1	8	2	5	6	7
3	5	2	9	4	1	8	7	6
4	9	7	3	6	8	2	1	5
1	8	6	7	2	5	4	3	9
8	7	9	2	1	4	6	5	3
6	2	3	8	5	7	1	9	4
5	4	1	6	9	3	7	2	8

130

2	5	9	1	3	8	6	4	7
3	4	6	2	7	9	5	1	8
8	7	1	6	5	4	9	2	3
5	6	4	9	1	3	7	8	2
7	2	3	8	4	6	1	5	9
1	9	8	7	2	5	4	3	6
6	1	7	5	8	2	3	9	4
9	3	2	4	6	1	8	7	5
4	8	5	3	9	7	2	6	1

131

9	5	7	6	4	3	1	2	8
8	6	3	9	2	1	4	7	5
1	4	2	5	7	8	3	9	6
6	8	9	4	1	5	7	3	2
7	3	1	2	8	9	6	5	4
4	2	5	7	3	6	9	8	1
3	9	8	1	6	2	5	4	7
5	1	4	8	9	7	2	6	3
2	7	6	3	5	4	8	1	9

132

1	2	4	5	8	6	3	7	9
9	6	8	7	4	3	2	1	5
5	7	3	1	2	9	8	4	6
3	9	6	4	7	5	1	8	2
4	5	2	3	1	8	6	9	7
8	1	7	6	9	2	4	5	3
7	8	5	2	3	4	9	6	1
6	3	9	8	5	1	7	2	4
2	4	1	9	6	7	5	3	8

133

7	9	3	2	1	4	8	5	6
6	4	2	8	7	5	9	3	1
5	8	1	9	3	6	2	4	7
1	3	8	4	5	7	6	9	2
9	6	5	3	8	2	1	7	4
4	2	7	6	9	1	5	8	3
8	5	6	1	4	3	7	2	9
3	1	9	7	2	8	4	6	5
2	7	4	5	6	9	3	1	8

134

8	5	7	1	3	9	6	4	2
9	2	3	7	6	4	1	8	5
1	6	4	2	5	8	7	9	3
7	4	8	9	2	3	5	1	6
5	1	6	8	4	7	3	2	9
2	3	9	5	1	6	8	7	4
3	9	2	6	7	1	4	5	8
6	8	1	4	9	5	2	3	7
4	7	5	3	8	2	9	6	1

135

2	4	6	8	3	5	7	9	1
5	1	7	2	9	4	8	6	3
9	8	3	6	7	1	4	5	2
8	3	4	9	1	2	5	7	6
6	2	9	5	4	7	1	3	8
7	5	1	3	8	6	2	4	9
3	6	5	4	2	8	9	1	7
4	7	2	1	6	9	3	8	5
1	9	8	7	5	3	6	2	4

136

5	1	4	7	3	9	6	8	2
7	6	3	4	2	8	1	5	9
9	8	2	5	1	6	3	4	7
8	2	6	1	5	7	4	9	3
3	7	5	2	9	4	8	6	1
4	9	1	6	8	3	2	7	5
2	5	9	8	4	1	7	3	6
1	4	7	3	6	5	9	2	8
6	3	8	9	7	2	5	1	4

137

5	4	6	7	1	8	3	9	2
8	1	2	3	9	6	5	4	7
7	3	9	4	2	5	6	1	8
4	8	7	1	3	9	2	6	5
3	9	5	6	8	2	1	7	4
2	6	1	5	7	4	8	3	9
1	5	3	2	4	7	9	8	6
6	7	8	9	5	1	4	2	3
9	2	4	8	6	3	7	5	1

138

9	7	6	3	1	8	4	2	5
3	8	2	9	5	4	1	6	7
1	4	5	2	6	7	3	9	8
8	9	7	6	4	1	5	3	2
5	2	1	8	7	3	6	4	9
6	3	4	5	2	9	8	7	1
2	1	8	4	9	6	7	5	3
7	6	9	1	3	5	2	8	4
4	5	3	7	8	2	9	1	6

139

1	6	3	5	4	7	2	8	9
8	5	2	9	1	3	7	4	6
7	9	4	8	6	2	3	1	5
3	4	9	6	5	8	1	7	2
2	8	5	1	7	9	4	6	3
6	1	7	2	3	4	9	5	8
9	7	8	4	2	5	6	3	1
5	3	6	7	9	1	8	2	4
4	2	1	3	8	6	5	9	7

140

5	2	3	4	7	8	1	6	9
4	8	1	6	9	3	7	2	5
6	9	7	5	1	2	3	4	8
8	6	9	3	5	4	2	7	1
2	7	5	8	6	1	4	9	3
3	1	4	7	2	9	8	5	6
1	3	6	9	4	7	5	8	2
7	5	2	1	8	6	9	3	4
9	4	8	2	3	5	6	1	7

141

5	2	9	4	8	1	7	3	6
7	6	4	9	5	3	8	1	2
3	1	8	2	6	7	9	5	4
2	3	7	8	1	9	6	4	5
4	9	5	7	2	6	3	8	1
1	8	6	5	3	4	2	9	7
9	5	2	6	4	8	1	7	3
6	7	3	1	9	5	4	2	8
8	4	1	3	7	2	5	6	9

142

3	2	9	4	5	8	7	1	6
4	1	8	2	7	6	9	3	5
7	5	6	1	3	9	2	4	8
2	3	5	8	1	4	6	9	7
9	4	7	5	6	2	3	8	1
8	6	1	7	9	3	5	2	4
6	8	4	3	2	7	1	5	9
5	9	2	6	4	1	8	7	3
1	7	3	9	8	5	4	6	2

143

2	6	4	5	7	8	3	9	1
5	1	3	6	2	9	8	7	4
9	8	7	4	3	1	6	5	2
3	5	9	2	4	6	1	8	7
1	4	2	7	8	5	9	3	6
6	7	8	1	9	3	2	4	5
7	3	6	9	5	2	4	1	8
8	2	5	3	1	4	7	6	9
4	9	1	8	6	7	5	2	3

144

7	9	2	1	8	4	5	3	6
3	6	4	5	2	9	8	7	1
1	8	5	3	7	6	2	4	9
8	7	6	9	1	3	4	5	2
5	1	3	8	4	2	6	9	7
2	4	9	6	5	7	3	1	8
6	3	8	4	9	1	7	2	5
9	5	7	2	3	8	1	6	4
4	2	1	7	6	5	9	8	3

145

6	5	7	4	8	9	1	3	2
9	1	8	7	2	3	5	4	6
2	4	3	1	6	5	8	9	7
4	9	6	8	5	2	7	1	3
5	7	2	9	3	1	4	6	8
8	3	1	6	4	7	9	2	5
7	2	5	3	9	4	6	8	1
1	6	4	2	7	8	3	5	9
3	8	9	5	1	6	2	7	4

146

7	2	9	6	8	3	1	4	5
5	4	3	7	2	1	9	6	8
8	6	1	9	5	4	3	2	7
4	3	2	5	9	8	6	7	1
9	7	5	1	4	6	2	8	3
1	8	6	3	7	2	4	5	9
6	9	7	2	1	5	8	3	4
3	1	8	4	6	7	5	9	2
2	5	4	8	3	9	7	1	6

147

3	9	7	1	4	8	2	5	6
8	5	2	3	6	9	1	4	7
1	6	4	7	5	2	3	9	8
7	4	6	2	8	1	5	3	9
9	8	5	4	7	3	6	1	2
2	1	3	6	9	5	7	8	4
4	2	8	5	3	7	9	6	1
5	7	9	8	1	6	4	2	3
6	3	1	9	2	4	8	7	5

148

2	8	5	9	1	6	4	7	3
9	3	6	4	7	5	2	1	8
4	7	1	3	2	8	9	6	5
3	2	9	1	6	4	8	5	7
1	6	8	5	9	7	3	2	4
7	5	4	8	3	2	1	9	6
8	1	7	6	4	9	5	3	2
5	9	2	7	8	3	6	4	1
6	4	3	2	5	1	7	8	9

149

5	1	6	4	2	7	3	9	8
7	4	9	6	8	3	5	1	2
8	3	2	9	1	5	4	6	7
2	9	4	3	7	1	8	5	6
3	7	5	2	6	8	1	4	9
1	6	8	5	4	9	2	7	3
6	5	1	8	9	2	7	3	4
4	2	7	1	3	6	9	8	5
9	8	3	7	5	4	6	2	1

150

2	8	5	6	1	4	9	7	3
1	9	7	3	2	8	4	6	5
6	4	3	9	7	5	8	1	2
7	5	4	8	9	1	3	2	6
8	2	1	4	3	6	5	9	7
9	3	6	7	5	2	1	4	8
5	6	2	1	8	9	7	3	4
4	7	9	5	6	3	2	8	1
3	1	8	2	4	7	6	5	9